社会主义新农村建设书系
现代农村实用人才素质提升工程教材

农作物植保员（初级）

主　编　朱顺富　姜丽英
副主编　徐叶舟　潘云洪

浙江大学出版社
ZHEJIANG UNIVERSITY PRESS

图书在版编目(CIP)数据

农作物植保员：初级/朱顺富,姜丽英主编. —杭州：
浙江大学出版社，2013.1
ISBN 978-7-308-10918-5

Ⅰ.①农… Ⅱ.①朱… ②姜… Ⅲ.①作物—植物保
护—技术培训—教材 Ⅳ.①S4

中国版本图书馆 CIP 数据核字(2012)第 297323 号

农作物植保员(初级)

朱顺富　姜丽英　主编

策划编辑	阮海潮
责任编辑	阮海潮(ruanhc@zju.edu.cn)
封面设计	黄晓意
出版发行	浙江大学出版社
	(杭州市天目山路 148 号　邮政编码 310007)
	(网址：http://www.zjupress.com)
排　　版	杭州大漠照排印刷有限公司
印　　刷	杭州杭新印务有限公司
开　　本	710mm×1000mm　1/16
印　　张	10.5
字　　数	220 千
版 印 次	2013 年 1 月第 1 版　2013 年 1 月第 1 次印刷
书　　号	ISBN 978-7-308-10918-5
定　　价	26.00 元

前　言

　　《农作物植保员(初级)》以《国家职业标准·农作物植保员》为依据,结合作者农作物植保技术经验编写而成。教材在编写过程中紧紧围绕"以农业生产实际需求为导向,以职业能力为核心"的理念,力求突出职业技能培训特色,满足职业技能培训与鉴定考核的需要。

　　《农作物植保员(初级)》详细介绍了初级农作物植保员要求掌握的最新实用知识和技术。全书分为4章,主要内容包括基础知识、预测预报、病虫综合防治、农药(械)使用。每一章后安排了测试题,供读者巩固、检验学习效果时使用。

　　《农作物植保员(初级)》是初级农作物植保员职业技能培训与鉴定考核用书,也可供从事大田作物生产者、农作物病虫害统防统治、粮食专业合作社、农业生产资料经营者等使用。

　　本书由浙江省农业教育培训中心组织编写,在编写过程中得到了衢州市农业信息和教育培训中心的大力支持,在此表示由衷的感谢。参加本书编写的有朱顺富、姜丽英、徐叶舟、潘云洪、张鑫、施品忠、程慧林。

编著者

目　　录

第一章　基础知识

第一节　职业道德

一、职业道德的基本知识

职业道德是人们在一定职业活动范围内应当遵守的，与其特定职业活动相适应的行为规范的总和。人们的职业道德可以分为两个方面，即一般意义上的职业道德和分行业的职业道德。前者是指所有的职业活动对人的普遍道德要求；后者则是行业对从业人员道德行为的具体要求。在职业活动中，怎样做是道德的，怎样做是不道德的，应该怎样从道义上保证职业活动的顺利进行等，都是广义上的职业道德应该回答的问题。

农作物植保员，是一项从事预防和控制病、虫、草、鼠和其他有害生物对农作物生长过程中的危害，保证农产品安全的职业，在其工作中应遵循相适应的行为规范，它要求植保员爱岗敬业、忠于职守，具有强烈的责任感和为社会服务的意识。

二、职业守则

（一）爱岗敬业，忠于职守

植保员要做到爱岗敬业，忠于职守，首先就是要热爱本职工作，热爱自己的工作岗位，树立职业荣誉感，感受自己所从事的职业是高尚的；忠于职守就是忠于人民的事业，以崇高的使命感和责任感，恪守职责，兢兢业业做好本职工作。这也是我们国家对每个从业人员最起码的职业道德要求。农业是国民经济的基础，植保员对保证农作物优质、高产、高效、安全具有重要的作用。只有当植保员清楚地认识到自己所从事的职业的社会价值，忠实、自觉地履行职业责任，尽心尽力地做好植物保护工作，将自己的身心和情感融入到植保工作中，才能够体验到工作的乐趣，发挥出自己的聪明才智。

其次，要树立强烈的职业责任感，职业责任感是植保员应承担的社会义务，也是必须做的工作。植保员在农业生产第一线从事病虫防治工作，非常辛苦，应具有奉献精神，这是植保员必须具备的一种特殊的道德品质。

（二）认真负责，实事求是

认真负责是指植保员在从事对农作物病、虫、草、鼠害等进行测报、防治等工作时要认真负责，一丝不苟；对调查研究中获得的各种数据和有关研究本职业的专业知识、技术研究、实际操作等的资料要实事求是，不弄虚作假。

（三）勤奋好学，精益求精

勤奋好学是指深入研究本职业专业技术知识和实际操作技能；精益求精是指对自己的业务水平的追求是无止境的，也就是说要精通业务。一方面农作物病、虫、草、鼠害的种类多，分布广，适应性强，诊断、测报及防治工作均较复杂；另一方面植保科学发展迅速，新的科学技术不断运用到生产实践之中。因此，植保员不仅要具备较高的科学文化水平，丰富的生产实践经验，而且要不断地学习充实自己，刻苦钻研新技术，提高业务能力，才能做好本职工作，在农业生产中发挥更大的作用。

（四）热情服务，遵纪守法

热情服务就是言谈、体态大方得体，对人谦虚尊敬，要树立良好的服务意识。遵纪守法，即要求植保员依法办事，增强法纪意识，按照国家的规章制度办事，严格遵守植保员守则。

（五）规范操作，注意安全

规范操作就是要求植保员操作技术要规范，结果要准确可靠。注意安全，就是在操作过程中要严格操作规程，注意人、畜、作物及天敌的安全，做到经济、安全、有效，把病虫等有害生物控制在一定的经济允许水平下，从而提高农作物的产量和质量。

第二节　相关法律、法规

农作物的植物保护工作的全程与农产品质量息息相关，同时在预防和控制病、虫、草、鼠及其他有害生物对农作物生长危害的过程中，经常与农药等有毒化学物品打交道，所以世界各国特别是发达国家政府，都对由此而来的对人、畜危害及环境保护、安全生产等问题十分重视，制定相应的法律法规来规范其活动。我国各级政府也十分重视相关活动法律法规的制定工作，并从国情、省情出发，相继制定、修改和完善了多项法律法规来指导人们在此领域各方面行为和生产活动，取得了很大成效，对推进农业生产的发展和提高产品质量起到了非常积极的作用。

农作物植保员要熟知和掌握的主要法律法规有《植物检疫条例》及实施细则、《农药管理条例》及实施细则、《中华人民共和国农业法》、《中华人民共和国种子法》、《中华人民共和国植物新品种保护条例》、《中华人民共和国产品质量法》、《中华人民共和国经济合同法》、《浙江省植物检疫实施办法》、《浙江省农作物病虫害防治条例》等。

一、《植物检疫条例》

《植物检疫条例》于 1983 年 1 月 3 日由国务院发布。1992 年 5 月 13 日根据《国务院关于修改〈植物检疫条例〉的决定》修订发布。共有二十四条。此条例明确规定国务院农业主管部门、林业主管部门主管全国的植物检疫工作,各省、自治区、直辖市农业主管部门、林业主管部门主管本地区的植物检疫工作。县级以上地方各级农业主管部门、林业主管部门所属的植物检疫机构,负责执行国家的植物检疫任务。同时指明植物检疫人员进入车站、机场、港口、仓库以及其他有关场所执行植物检疫任务,应穿着检疫制服和佩带检疫标志。凡局部地区发生的危险性大、能随植物及其产品传播的病、虫、杂草应定为植物检疫对象。农业、林业植物检疫对象和应施检疫的植物、植物产品名单由国务院农业主管部门、林业主管部门制定。各省、自治区、直辖市农业主管部门、林业主管部门可以根据本地区的需要,制定本省、自治区、直辖市的补充名单,并报国务院农业主管部门、林业主管部门备案。现将《植物检疫条例》有关内容摘要如下:

《条例》规定,局部地区发生植物检疫对象的,应划为疫区,采取封锁、消灭措施,防止植物检疫对象传出;发生地区已比较普遍的,则应将未发生地区划为保护区,防止植物检疫对象传入。疫区应根据植物检疫对象的传播情况、当地的地理环境、交通状况以及采取封锁、消灭措施的需要来划定,其范围应严格控制。在发生疫情的地区,植物检疫机构可以派人参加当地的道路联合检查站或者木材检查站;发生特大疫情时,经省、自治区、直辖市人民政府批准,可以设立植物检疫检查站,开展植物检疫工作。

《条例》规定,对两类情况的调运植物和植物产品,必须经过检疫:

1. 列入应施检疫的植物、植物产品名单的,运出发生疫情的县级行政区域之前,必须经过检疫。

2. 凡种子、苗木和其他繁殖材料,不论是否列入应施检疫的植物、植物产品名单和运往何地,在调运之前,都必须经过检疫。另外,省、自治区、直辖市间调运必须经过检疫的植物和植物产品的,调入单位必须事先征得所在地的省、自治区、直辖市植物检疫机构同意,并向调出单位提出检疫要求;调出单位必须根据该检疫要求向所在地的省、自治区、直辖市植物检疫机构申请检疫。对调入的植物和植物产品,调入单位所在地的省、自治区、直辖市的植物检疫机构应当查验检疫证书,必要时可以复检。同时规定省、自治区、直辖市内调运植物和植物产品的检疫办法,由省、自治区、直辖市人民政府规定。种子、苗木和其他繁殖材料和繁育单位,必须有计划地建立无植物检疫对象的种苗繁育基地、母树林基地。试验、推广的种子、苗木和其他繁殖材料,不得带有植物检疫对象。植物检疫机构实施产地检疫。需要注意的是条例第八条,它规定按照本条例第七条的规定必须检疫的植物和植物产品,经检疫未发现植物检疫对象的,发给植物检疫证书。发现有植物检疫对象、但能彻底消毒处理的,托运人应按植物检疫机构的要求,在指定地点作消毒处理,经检查合格后发给植物检疫证书;无法消毒处理的,应停止调运。对可能被植物检疫对象污染的包装材料、运载工具、场地、仓库等,也应实施检疫。如已被污染,托运人应按植物检疫机构的要求处理。因实施检疫需要的车船停留、货物搬运、开拆、取样、储存、消毒处理等费用,由托运人负责。条例对进口植物的检疫要求按《中华人民共和国进出境动植物检疫法》的规定执行。条例也规定了相应奖惩条款。

二、《植物检疫条例实施细则(农业部分)》

1995 年 2 月 25 日由农业部发布。根据 1997 年 12 月 25 日农业部令第 39 号修订。共有八章三十条。该实施细则明确提出各级植物检疫机构的职责范围;植物检疫证书的签发;检疫范围;植物检疫对象的划分、控制和消灭及调运检疫;产地检疫;国外引种检疫和具体的奖励和处罚规定。同时制定出应施检疫的植物、植物产品名单,它们是:

1. 稻、麦、玉米、高粱、豆类、薯类等作物的种子、块根、块茎及其他繁殖材料和来源于上述植物运出发生疫情的县级行政区域的植物产品;

2. 棉、麻、烟、茶、桑、花生、向日葵、芝麻、油菜、甘蔗、甜菜等作物的种子、种苗及其他繁殖材料和来源于上述植物运出发生疫情的县级行政区域的植物产品;

3. 西瓜、甜瓜、哈蜜瓜、香瓜、葡萄、苹果、梨、桃、李、杏、沙果、梅、山楂、柿、柑、橘、橙、柚、猕猴桃、柠檬、荔枝、枇杷、龙眼、香蕉、菠萝、芒果、咖啡、可可、腰果、番石榴、胡椒等作物的种子、苗木、接穗、砧木、试管苗及其他繁殖材料和来源于上述植物运出发生疫情的县级行政区域的植物产品;

4. 花卉的种子、种苗、球茎、鳞茎等繁殖材料及切花、盆景花卉;

5. 中药材;

6. 蔬菜作物的种子、种苗和运出发生疫情的县级行政区域的蔬菜产品;

7. 牧草(含草坪草)、绿肥、食用菌的种子、细胞繁殖体等;

8. 麦麸、麦秆、稻草、芦苇等可能受疫情污染的植物产品及包装材料。

三、《农药管理条例》

1997 年 5 月 8 日国务院第 216 号发布,自 1997 年 5 月 8 日起施行。于 2001 年 11 月 29 日根据《国务院关于修改〈农药管理条例〉的决定》修改。条例共有总则、农药登记、农药生产、农药经营、农药使用等八章四十九条。本条例的制定主要为了加强对农药生产、经营和使用的监督管理,保证农药质量,保护农业、林业生产和生态环境,维护人畜安全。该条例贯穿了农药生产、经营和使用全过程的管理,同时它也规范了农作物植保员在从事本职业活动中的行为,特别是第二章农药登记、第四章农药经营和第五章农药使用章节中所制定的条款是农作物植保员应熟知、深入理解和掌握的重要法规条款。《条例》的第六章和第七章比较明确地规定了人们在与农药打交道的各个环节中不允许做的事情和相关的罚则,并明确指出了两种假农药和三种劣质农药的范围。

现将《农药管理条例》有关内容摘录如下:

《农药管理条例》确定国家实行农药登记制度。生产(包括原药生产、制剂加工和分装,下同)农药和进口农药,必须进行登记。

其中第七条规定,国内首次生产的农药和首次进口的农药的登记,按照下列三个阶段进行:

(一)田间试验阶段:申请登记的农药,由其研制者提出田间试验申请,经批准,方可进行田间试验;田间试验阶段的农药不得销售。

(二)临时登记阶段:田间试验后,需要进行田间试验示范、试销的农药以及在特殊情况下需要使用的农药,由其生产者申请临时登记,经国务院农业行政主管部门发给农药临时登记证后,方可在规定的范围内进行田间试验示范、试销。

(三)正式登记阶段:经田间试验示范、试销可以作为正式商品流通的农药,由其生产者申请正式登记,经国务院农业行政主管部门发给农药登记证后,方可生产、销售。

农药登记证和农药临时登记证应当规定登记有效期限;登记有效期限届满,需要继续生产或者继续向中国出售农药产品的,应当在登记有效期限届满前申请续展登记。

经正式登记和临时登记的农药,在登记有效期限内改变剂型、含量或者使用范围、使用方法的,应当申请变更登记。

第八条　依照本条例第七条的规定申请农药登记时,其研制者、生产者或者向中国出售农药的外国企业应当向国务院农业行政主管部门或者经由省、自治区、直辖市人民政府农业行政主管部门向国务院农业行政主管部门提供农药样品,并按照国务院农业行政主管部门规定的农药登记要求,提供农药的产品化学、毒理学、药效、残留、环境影响、标签等方面的资料。

《农药管理条例》第九条规定,农药正式登记的申请资料分别经国务院农业、化工工业、卫生、环境保护部门和全国供销合作总社审查并签署意见后,由农药登记评审委员会对农药的产品化学、毒理学、药效、残留、环境影响等作出评价。根据农药登记评审委员会的评价,符合条件的,由国务院农业行政主管部门发给农药登记证。

《农药管理条例》规定下列单位可以经营农药:

(一)供销合作社的农业生产资料经营单位;

（二）植物保护站；

（三）土壤肥料站；

（四）农业、林业技术推广机构；

（五）森林病虫害防治机构；

（六）农药生产企业；

（七）国务院规定的其他经营单位。

经营的农药属于化学危险物品的，应当按照国家有关规定办理经营许可证。

《条例》第十九条规定，农药经营单位应当具备下列条件和有关法律、行政法规规定的条件，并依法向工商行政管理机关申请领取营业执照后，方可经营农药：

（一）有与其经营的农药相适应的技术人员；

（二）有与其经营的农药相适应的营业场所、设备、仓储设施、安全防护措施和环境污染防治设施、措施；

（三）有与其经营的农药相适应的规章制度；

（四）有与其经营的农药相适应的质量管理制度和管理手段。

第二十条　农药经营单位购进农药，应当将农药产品与产品标签或者说明书、产品质量合格证核对无误，并进行质量检验。

禁止收购、销售无农药登记证或者农药临时登记证、无农药生产许可证或者农药生产批准文件、无产品质量标准和产品质量合格证及检验不合格的农药。

第二十一条　农药经营单位应当按照国家有关规定做好农药储备工作。

贮存农药应当建立和执行仓储保管制度，确保农药产品的质量和安全。

第二十二条　农药经营单位销售农药，必须保证质量，农药产品与产品标签或者说明书、产品质量合格证应当核对无误。农药经营单位应当向使用农药的单位和个人正确说明农药的用途、使用方法、用量、中毒急救措施和注意事项。

第二十三条　超过产品质量保证期限的农药产品，经省级以上人民政府农业行政主管部门所属的农药检定机构检验，符合标准的，可以在规定期限内销售；但是，必须注明"过期农药"字样，并附具使用方法和用量。

《条例》第四章为农药使用，其中：

第二十四条　县级以上各级人民政府农业行政主管部门应当根据"预防为主、综合防治"的植保方针，组织推广安全、高效农药，开展培训活动，提高农民施药技术水平，并做好病虫害预测预报工作。

第二十五条　县级以上地方各级人民政府农业行政主管部门应当加强对安全、合理使用农药的指导，根据本地区农业病、虫、草、鼠害发生情况，制定农药轮换使用规划，有计划地轮换使用农药，减缓病、虫、草、鼠的抗药性，提高防治效果。

第二十六条　使用农药应当遵守农药防毒规程，正确配药、施药，做好废弃物处理和安全防护工作，防止农药污染环境和农药中毒事故。

　　第二十七条　使用农药应当遵守国家有关农药安全、合理使用的规定,按照规定的用药量、用药次数、用药方法和安全间隔期施药,防止污染农副产品。

　　剧毒、高毒农药不得用于防治卫生害虫,不得用于蔬菜、瓜果、茶叶和中草药材。

　　第二十八条　使用农药应当注意保护环境、有益生物和珍稀物种。

　　严禁用农药毒鱼、虾、鸟、兽等。

　　第二十九条　林业、粮食、卫生行政部门应当加强对林业、储粮、卫生用农药的安全、合理使用的指导。

　　《农药管理条例》同时制定了其他规定,例如,第三十条规定任何单位和个人不得生产未取得农药生产许可证或者农药生产批准文件的农药。任何单位和个人不得生产、经营、进口或者使用未取得农药登记证或者农药临时登记证的农药。进口农药应当遵守国家有关规定,货主或者其代理人应当向海关出示其取得的中国农药登记证或者农药临时登记证。

　　《农药管理条例》专门制定了禁止生产、经营和使用假农药,并将下列农药定为假农药:

　　(一)以非农药冒充农药或者以此种农药冒充他种农药的;

　　(二)所含有效成分的种类、名称与产品标签或者说明书上注明的农药有效成分的种类、名称不符的。

　　下列农药为劣质农药:

　　(一)不符合农药产品质量标准的;

　　(二)失去使用效能的;

　　(三)混有导致药害等有害成分的。

　　《农药管理条例》规定禁止生产、经营和使用劣质农药;禁止经营产品包装上未附标签或者标签残缺不清的农药。未经登记的农药,禁止刊登、播放、设置、张贴广告。农药广告内容必须与农药登记的内容一致,并依照广告法和国家有关农药广告管理的规定接受审查。

　　《农药管理条例》规定经登记的农药,在登记有效期内发现对农业、林业、人畜安全、生态环境有严重危害的,经农药登记评审委员会审议,由国务院农业行政主管部门宣布限制使用或者撤销登记。任何单位和个人不得生产、经营和使用国家明令禁止生产或者撤销登记的农药。县级以上各级人民政府有关部门应当做好农副产品中农药残留量的检测工作。禁止销售农药残留量超过标准的农副产品。

　　《农药管理条例》规定,处理假农药、劣质农药、过期报废农药、禁用农药、废弃农药包装和其他含农药的废弃物,必须严格遵守环境保护法律、法规的有关规定,防止污染环境。

　　《农药管理条例》同时规定了罚则。其中的第四十条规定，有下列行为之一的，由农业行政主管部门按照以下规定给予处罚：

　　（一）未取得农药登记证或者农药临时登记证，擅自生产、经营农药的，或者生产、经营已撤销登记的农药的，责令停止生产、经营，没收违法所得，并处违法所得1倍以上10倍以下的罚款；没有违法所得的，并处10万元以下的罚款；

　　（二）农药登记证或者农药临时登记证有效期限届满未办理续展登记，擅自继续生产该农药的，责令限期补办续展手续，没收违法所得，可以并处违法所得5倍以下的罚款；没有违法所得的，可以并处5万元以下的罚款；逾期不补办的，由原发证机关责令停止生产、经营，吊销农药登记证或者农药临时登记证；

　　（三）生产、经营产品包装上未附标签、标签残缺不清或者擅自修改标签内容的农药产品的，给予警告，没收违法所得，可以并处违法所得3倍以下的罚款；没有违法所得的，可以并处3万元以下的罚款；

　　（四）不按照国家有关农药安全使用的规定使用农药的，根据所造成的危害后果，给予警告，可以并处3万元以下的罚款。

　　第四十一条　有下列行为之一的，由省级以上人民政府工业产品许可管理部门按照以下规定给予处罚：

　　（一）未经批准，擅自开办农药生产企业的，或者未取得农药生产许可证或者农药生产批准文件，擅自生产农药的，责令停止生产，没收违法所得，并处违法所得1倍以上10倍以下的罚款；没有违法所得的，并处10万元以下的罚款；

　　（二）未按照农药生产许可证或者农药生产批准文件的规定，擅自生产农药的，责令停止生产，没收违法所得，并处违法所得1倍以上5倍以下的罚款；没有违法所得的，并处5万元以下的罚款；情节严重的，由原发证机关吊销农药生产许可证或者农药生产批准文件。

　　第四十二条　假冒、伪造或者转让农药登记证或者农药临时登记证、农药登记证号或者农药临时登记证号、农药生产许可证或者农药生产批准文件、农药生产许可证号或者农药生产批准文件号的，依照刑法关于非法经营罪或者伪造、变造、买卖国家机关公文、证件、印章罪的规定，依法追究刑事责任；尚不够刑事处罚的，由农业行政主管部门收缴或者吊销农药登记证或者农药临时登记证，由工业产品许可管理部门收缴或者吊销农药生产许可证或者农药生产批准文件，由农业行政主管部门或者工业产品许可管理部门没收违法所得，可以并处违法所得10倍以下的罚款；没有违法所得的，可以并处10万元以下的罚款。

　　第四十三条　生产、经营假农药、劣质农药的，依照刑法关于生产、销售伪劣产品罪或者生产、销售伪劣农药罪的规定，依法追究刑事责任；尚不够刑事处罚的，由农业行政主管部门或者法律、行政法规规定的其他有关部门没收假农药、劣质农药和违法所得，并处违法所得1倍以上10倍以下的罚款；没有违法所得的，并处10

万元以下的罚款；情节严重的，由农业行政主管部门吊销农药登记证或者农药临时登记证，由工业产品许可管理部门吊销农药生产许可证或者农药生产批准文件。

第四十四条 违反工商行政管理法律、法规，生产、经营农药的，或者违反农药广告管理规定的，依照刑法关于非法经营罪或者虚假广告罪的规定，依法追究刑事责任；尚不够刑事处罚的，由工商行政管理机关依照有关法律、法规的规定给予处罚。

第四十五条 违反本条例规定，造成农药中毒、环境污染、药害等事故或者其他经济损失的，应当依法赔偿。

第四十六条 违反本条例规定，在生产、储存、运输、使用农药过程中发生重大事故的，对直接负责的主管人员和其他直接责任人员，依照刑法关于危险物品肇事罪的规定，依法追究刑事责任；尚不够刑事处罚的，依法给予行政处分。

第四十七条 农药管理工作人员滥用职权、玩忽职守、徇私舞弊、索贿受贿的，依照刑法关于滥用职权罪、玩忽职守罪或者受贿罪的规定，依法追究刑事责任；尚不够刑事处罚的，依法给予行政处分。

第四十八条 中华人民共和国缔结或者参加的与农药有关的国际条约与本条例有不同规定的，适用国际条约的规定；但是，中华人民共和国声明保留的条款除外。

现行《农药管理条例》自 1997 年 5 月 8 日颁布实施以来，对促进我国农药产业健康发展、保障农产品质量安全发挥了重要作用。但是，随着经济社会的快速发展，人民群众对农产品质量安全的要求不断提高，农药管理面临着一些新情况和新问题，农药登记、生产、经营和使用等相关制度还需要进一步完善。为此，农业部在总结实践经验的基础上，起草了《农药管理条例（修订草案送审稿）》，报请国务院审批。国务院法制办在两次征求有关部门、地方人民政府意见的基础上，经与农业部反复研究、修改，形成了征求意见稿。国务院法制办在 2011 年 7 月 20 日全文公布《农药管理条例（征求意见稿）》，征求社会各界意见，征求意见截止时间 2011 年 8 月 31 日。征求意见稿共八章、八十四条，修订的主要内容如下：

一是完善农药登记制度。取消准入门槛偏低的农药临时登记，在此基础上，进一步规范农药登记程序，明确申请农药登记应当提交的资料，细化安全性、有效性评估、审查方面的要求，明确行政许可审查时限，规范农药登记评审委员会的组成和职责。（第二章）

二是加强农药生产质量安全控制。要求生产企业建立原材料进货查验记录制度及农药出厂销售检验记录制度，严格按照产品质量标准进行生产，确保生产产品与经登记的产品的一致性；对农药包装、标签予以明确规范；并规定了委托代为加工、分装农药的条件和相应的备案程序。（第三章）

三是规范农药经营。设立农药经营许可制度，明确经营农药应当具备的条件；

完善农药经营者进货查验及购销台账制度;要求农药经营者向购买者正确说明农药的使用范围、方法、技术要求和注意事项;禁止农药经营者加工、分装农药或者向农药中添加物质,禁止销售未包装、未附具标签或者标签残缺不全的农药。(第四章)

四是强化农药安全使用监管。要求各级农业部门、农业技术服务组织、农药生产企业及经营者依法为农药使用者提供技术服务、培训和指导;要求农业部门制定并组织实施农药减量计划;要求农药使用者遵守国家有关农药安全、合理使用规范,严格按照标签标注使用农药,不得扩大使用范围、加大施药剂量或者改变使用方法;要求农产品生产企业、专业化病虫害防治服务组织和从事农产品生产的农民专业合作社建立农药使用记录。(第五章)

五是落实农药监督管理职责。细化相关部门监督管理职责权限;要求农业部门对已登记的农药组织监测,发现已登记农药对农业、林业、人畜安全、农产品质量安全、生态环境等有严重危害或者较大风险的,农业部门应当根据农药登记评审委员会的评审结果,依法宣布禁用或者限制使用。(第六章)

此外,征求意见稿在总结实践经验的基础上,对违法行为设定了严格的法律责任。

四、《农药管理条例实施办法》

2002 年 7 月 27 日以农业部令第 18 号修改后颁布实施。全文分七章四十八条。它使农药管理条例的实施更具有可操作性。

现将《农药管理条例实施办法》有关内容摘要如下:

第二条 农业部负责全国农药登记、使用和监督管理工作,负责制定或参与制定农药安全使用、农药产品质量及农药残留的国家或行业标准。

省、自治区、直辖市人民政府农业行政主管部门协助农业部做好本行政区域内的农药登记,负责本行政区域内农药研制者和生产者申请农药田间试验和临时登记资料的初审,并负责本行政区域内的农药监督管理工作。

县和设区的市、自治州人民政府农业行政主管部门负责本行政区域内的农药监督管理工作。

第三条 农业部农药检定所负责全国的农药具体登记工作。省、自治区、直辖市人民政府农业行政主管部门所属的农药检定机构协助做好本行政区域内的农药具体登记工作。

第四条 各级农业行政主管部门必要时可以依法委托符合法定条件的机构实施农药监督管理工作。受委托单位不得从事农药经营活动。

第二章　农药登记

第五条 对农药登记试验单位实行认证制度。

农业部负责组织对农药登记药效试验单位、农药登记残留试验单位、农药登记毒理学试验单位和农药登记环境影响试验单位的认证，并发放认证证书。

经认证的农药登记试验单位应当接受省级以上农业行政主管部门的监督管理。

第六条　农业部制定并发布《农药登记资料要求》。

农药研制者和生产者申请农药田间试验和农药登记，应当按照《农药登记资料要求》提供有关资料。

第七条　新农药应申请田间试验、临时登记和正式登记。

（一）田间试验

农药研制者在我国进行田间试验，应当经其所在地省级农业行政主管部门所属的农药检定机构初审后，向农业部农药检定所提出申请。经审查批准后，农药研制者持农药田间试验批准证书与取得认证资格的农药登记药效试验单位签订试验合同，试验应当按照《农药田间药效试验准则》实施。

省级农业行政主管部门所属的农药检定机构对田间试验的初审，应当在农药研制者交齐资料之日起一个月内完成。

境外及港、澳、台农药研制者的田间试验申请直接向农业部农药检定所提出。

农业部农药检定所对田间试验申请，应当在农药研制者交齐资料之日起三个月内给予答复。

（二）临时登记

田间试验后，需要进行示范试验（面积超过 10 公顷）、试销以及在特殊情况下需要使用的农药，其生产者须申请原药和制剂临时登记。其申请登记资料应当经所在地省级农业行政主管部门所属的农药检定机构初审后，向农业部农药检定所提出临时登记申请，由农业部农药检定所进行综合评价，经农药临时登记评审委员会评审，符合条件的，由农业部发给原药和制剂农药临时登记证。

省级农业行政主管部门所属的农药检定机构对临时登记资料的初审，应当在农药生产者交齐资料之日起一个月内完成。

境外及港、澳、台农药生产者，直接向农业部农药检定所提出临时登记申请。

农业部组织成立农药临时登记评审委员会，每届任期三年。农药临时登记评审委员会一至二个月召开一次全体会议。农药临时登记评审委员会的日常工作由农业部农药检定所承担。

农业部农药检定所对农药临时登记申请，应当在农药生产者交齐资料之日起三个月内给予答复。

农药临时登记证有效期为一年，可以续展，累积有效期不得超过四年。

（三）正式登记

经过示范试验、试销可以作为正式商品流通的农药，其生产者须向农业部农药检定所提出原药和制剂正式登记申请，经国务院农业、化工、卫生、环境保护部门和全国供销合作总社审查并签署意见后，由农药登记评审委员会进行综合评价，符合条件的，由农业部发给原药和制剂农药登记证。

农药生产者申请农药正式登记，应当提供两个以上不同自然条件地区的示范试验结果。示范试验由省级农业、林业行政主管部门所属的技术推广部门承担。

农业部组织成立农药登记评审委员会，下设农业、毒理、环保、工业等专业组。农药登记评审委员会每届任期三年，每年召开一次全体会议和一至二次主任委员会议。农药登记评审委员会的日常工作由农业部农药检定所承担。

农业部农药检定所对农药正式登记申请，应当在农药生产者交齐资料之日起一年内给予答复。

农药登记证有效期为五年，可以续展。

第八条　经正式登记和临时登记的农药，在登记有效期限内，同一厂家或者不同厂家改变剂型、含量（配比）或者使用范围、使用方法的，农药生产者应当申请田间试验、变更登记。

田间试验、变更登记的申请和审批程序同本《实施办法》第七条第（一）、第（二）项。

变更登记包括临时登记变更和正式登记变更，分别发放农药临时登记证和农药登记证。

第九条　生产其他厂家已经登记的相同农药的，农药生产者应当申请田间试验、变更登记，其申请和审批程序同本《实施办法》第七条第（一）、第（二）项。

申请登记的农药产品质量和首家登记产品无明显差异的，在规定时限内，经首家登记厂家同意，农药生产者可使用其原药资料和部分制剂资料；在规定时限外，农药生产者可免交原药资料和部分制剂资料。

规定时限为：

（一）新农药首家登记 7 年。

（二）新制剂首家登记 5 年。

（三）新使用范围和方法首家登记 3 年。

第十条　生产者分装农药应当申请办理农药分装登记，分装农药的原包装农药必须是在我国已经登记过的。农药分装登记的申请，应当经农药生产者所在地省级农业行政主管部门所属的农药检定机构初审后，向农业部农药检定所提出。经审查批准后，由农业部发给农药临时登记证，登记证有效期为一年，可随原包装厂家产品登记有效期续展。

农业部农药检定所对农药分装登记申请，应当在农药生产者交齐资料之日起三个月内给予答复。

第十一条　农药登记证、农药临时登记证和农药田间试验批准证书使用"中华人民共和国农业部农药审批专用章"。

第十二条　农药生产者申请办理农药登记时可以申请使用农药商品名称。农药商品名称的命名应当规范,不得描述性过强,不得有误导作用。农药商品名称经农业部批准后由申请人专用。

第十三条　农药临时登记证、农药登记证需续展的,应当在登记证有效期满前一个月提出续展登记申请。登记证有效期满后提出申请的,应当重新办理登记手续。

第十四条　取得农药登记证或农药临时登记证的农药生产厂家因故关闭的,应当在企业关闭后一个月内向农业部农药检定所交回农药登记证或农药临时登记证。逾期不交的,由农业部宣布撤销登记。

第十五条　如遇紧急需要,对某些未经登记的农药、某些已禁用或限用的农药,农业部可以与有关部门协商批准在一定范围、一定期限内使用和临时进口。

第十六条　农药登记部门及其工作人员有责任为申请者提供的资料和样品保守技术秘密。

第十七条　农业部定期发布农药登记公告。

第十八条　农药生产者应当指定专业部门或人员负责农药登记工作。省级以上农业行政主管部门所属的农药检定机构应当对申请登记人员进行相应的业务指导。

第十九条　申请农药登记须交纳登记费。进行农药登记试验(药效、残留、毒性、环境)应当提供有代表性的样品,并支付试验费。试验样品须经法定质量检测机构检测确认样品有效成分及其含量与标明值相符,方可进行试验。

第三章　农药经营

第二十条　供销合作社的农业生产资料经营单位,植物保护站,土壤肥料站,农业、林业技术推广机构,森林病虫害防治机构,农药生产企业,以及国务院规定的其他单位可以经营农药。

农垦系统的农业生产资料经营单位、农业技术推广单位,按照直供的原则,可以经营农药;粮食系统的储运贸易公司、仓储公司等专门供应粮库、粮站所需农药的经营单位,可以经营储粮用农药。

日用百货、日用杂品、超级市场或者专门商店可以经营家庭用防治卫生害虫和衣料害虫的杀虫剂。

第二十一条　农药经营单位不得经营下列农药:

(一)无农药登记证或者农药临时登记证、无农药生产许可证或者生产批准文件、无产品质量标准的国产农药;

(二)无农药登记证或者农药临时登记证的进口农药;

（三）无产品质量合格证和检验不合格的农药；

（四）过期而无使用效能的农药；

（五）没有标签或者标签残缺不清的农药；

（六）撤销登记的农药。

第二十二条　农药经营单位对所经营农药应当进行或委托进行质量检验。

第二十三条　农药经营单位向农民销售农药时，应当提供农药使用技术和安全使用注意事项等服务。

第四章　农药使用

第二十四条　各级农业行政主管部门及所属的农业技术推广部门，应当贯彻"预防为主，综合防治"的植保方针，根据本行政区域内的病、虫、草、鼠害发生情况，提出农药年度需求计划，为国家有关部门进行农药产销宏观调控提供依据。

第二十五条　各级农业技术推广部门应当指导农民按照《农药安全使用规定》和《农药合理使用准则》等有关规定使用农药，防止农药中毒和药害事故发生。

第二十六条　各级农业行政主管部门及所属的农业技术推广部门，应当做好农药科学使用技术和安全防护知识培训工作。

第二十七条　农药使用者应当确认农药标签清晰，农药登记证号或者农药临时登记证号，农药生产许可证号或者生产批准文件号齐全后，方可使用农药。

农药使用者应当严格按照产品标签规定的剂量、防治对象、使用方法、施药适期、注意事项施用农药，不得随意改变。

第二十八条　各级农业技术推广部门应当大力推广使用安全、高效、经济的农药。剧毒、高毒农药不得用于防治卫生害虫，不得用于瓜类、蔬菜、果树、茶叶、中草药材等。

第二十九条　为了有计划地轮换使用农药，减缓病、虫、草、鼠的抗药性，提高防治效果，省、自治区、直辖市人民政府农业行政主管部门报农业部审查同意后，可以在一定区域内限制使用某些农药。

第五章　农药监督

第三十条　各级农业行政主管部门应当配备一定数量的农药执法人员。农药执法人员应当是具有相应的专业学历、并从事农药工作三年以上的技术人员或者管理人员，经有关部门培训考核合格，取得执法证，持证上岗。

第三十一条　农业行政主管部门有权按照规定对辖区内的农药生产、经营和使用单位的农药进行定期和不定期监督、检查，必要时按照规定抽取样品和索取有关资料，有关单位和个人不得拒绝和隐瞒。

农药执法人员对农药生产、经营单位提供的保密技术资料，应当承担保密责任。

第三十二条 对假农药、劣质农药需进行销毁处理的,必须严格遵守环境保护法律、法规的有关规定,按照农药废弃物的安全处理规程进行,防止污染环境;对有使用价值的,应当经省级以上农业行政主管部门所属的农药检定机构检验,必要时要经过田间试验,制订使用方法和用量。

第三十三条 禁止销售农药残留量超过标准的农副产品。县级以上农业行政主管部门应当做好农副产品农药残留量的检测工作。

第三十四条 农药广告内容必须与农药登记的内容一致,农药广告经过审查批准后方可发布。农药广告的审查按照《广告法》和《农药广告审查办法》执行。

通过重点媒介发布的农药广告和境外及港、澳、台地区农药产品的广告,可以委托农业部农药检定所负责审查。其他农药广告,可以委托广告主所在地省级农业行政主管部门所属的农药检定机构审查。

第三十五条 地方各级农业行政主管部门应当及时向上级农业行政主管部门报告发生在本行政区域内的重大农药案件的有关情况。

第六章 罚 则

第三十六条 对未取得农药临时登记证而擅自分装农药的,由农业行政主管部门责令停止分装生产,没收违法所得,并处违法所得1倍以上5倍以下的罚款;没有违法所得的,并处5万元以下的罚款。

第三十七条 对生产、经营假农药、劣质农药的,由农业行政主管部门或者法律、行政法规规定的其他有关部门,按以下规定给予处罚:

(一) 生产、经营假农药的,劣质农药有效成分总含量低于产品质量标准30%(含30%)或者混有导致药害等有害成分的,没收假农药、劣质农药和违法所得,并处违法所得5倍以上10倍以下的罚款;没有违法所得的,并处10万元以下的罚款。

(二) 生产、经营劣质农药有效成分总含量低于产品质量标准70%(含70%)但高于30%的,或者产品标准中乳液稳定性、悬浮率等重要辅助指标严重不合格的,没收劣质农药和违法所得,并处违法所得3倍以上5倍以下的罚款;没有违法所得的,并处5万元以下的罚款。

(三) 生产、经营劣质农药有效成分总含量高于产品质量标准70%的,或者按产品标准要求有一项重要辅助指标或者二项以上一般辅助指标不合格的,没收劣质农药和违法所得,并处违法所得1倍以上3倍以下的罚款;没有违法所得的,并处3万元以下罚款。

(四) 生产、经营的农药产品净重(容)量低于标明值,且超过允许负偏差的,没收不合格产品和违法所得,并处违法所得1倍以上5倍以下的罚款;没有违法所得的,并处 5 万元以下罚款。

　　生产、经营假农药、劣质农药的单位,在农业行政主管部门或者法律、行政法规规定的其他有关部门的监督下,负责处理被没收的假农药、劣质农药,拖延处理造成的经济损失由生产、经营假农药和劣质农药的单位承担。

　　第三十八条　对经营未注明"过期农药"字样的超过产品质量保证期的农药产品的,由农业行政主管部门给予警告,没收违法所得,可以并处违法所得 3 倍以下的罚款;没有违法所得的,并处 3 万元以下的罚款。

　　第三十九条　收缴或者吊销农药登记证或农药临时登记证的决定由农业部作出。

　　第四十条　本《实施办法》所称"违法所得",是指违法生产、经营农药的销售收入。

　　第四十一条　各级农业行政主管部门实施行政处罚,应当按照《行政处罚法》、《农业行政处罚程序规定》等法律和部门规章的规定执行。

　　第四十二条　农药管理工作人员滥用职权、玩忽职守、徇私舞弊、索贿受贿,构成犯罪的,依法追究刑事责任;尚不构成犯罪的,依法给予行政处分。

第七章　附　　则

　　第四十三条　对《条例》第二条所称农药解释如下:

　　(一)《条例》第二条(一)预防、消灭或者控制危害农业、林业的病、虫(包括昆虫、蜱、螨)、草和鼠、软体动物等有害生物的是指农、林、牧、渔业中的种植业用于防治植物病、虫(包括昆虫、蜱、螨)、草和鼠、软体动物等有害生物的。

　　(二)《条例》第二条(三)调节植物生长的是指对植物生长发育(包括萌发、生长、开花、受精、座果、成熟及脱落等过程)具有抑制、刺激和促进等作用的生物或者化学制剂;通过提供植物养分促进植物生长的适用其他规定。

　　(三)《条例》第二条(五)预防、消灭或者控制蚊、蝇、蜚蠊、鼠和其他有害生物的是指用于防治人生活环境和农林业中养殖业用于防治动物生活环境卫生害虫的。

　　(四)利用基因工程技术引入抗病、虫、草害的外源基因改变基因组构成的农业生物,适用《条例》和本《实施办法》。

　　(五)用于防治《条例》第二条所述有害生物的商业化天敌生物,适用《条例》和本《实施办法》。

　　(六)农药与肥料等物质的混合物,适用《条例》和本《实施办法》。

　　第四十四条　本《实施办法》下列用语定义为:

　　(一)新农药是指含有的有效成分尚未在我国批准登记的国内外农药原药和制剂。

（二）新制剂是指含有的有效成分与已经登记过的相同，而剂型、含量（配比）尚未在我国登记过的制剂。

（三）新登记使用范围和方法是指有效成分和制剂与已经登记过的相同，而使用范围和方法是尚未在我国登记过的。

第四十五条　种子加工企业不得应用未经登记或者假、劣种衣剂进行种子包衣。对违反规定的，按违法经营农药行为处理。

第四十六条　我国作为农药事先知情同意程序国际公约（PIC）成员国，承担承诺的国际义务，有关具体事宜由农业部农药检定所承办。

2007 年 12 月 8 日农业部令第 9 号《关于修订〈农药管理条例实施办法〉的决定》自 2008 年 1 月 8 日起施行。农业部决定对《农药管理条例实施办法》作如下修改：

第七条中的"农药临时登记证有效期为一年，可以续展，累积有效期不得超过四年。"修改为："农药临时登记证有效期为一年，可以续展，累积有效期不得超过三年。"

第十三条修改为"农药名称是指农药的通用名称或简化通用名称，直接使用的卫生农药以功能描述词语和剂型作为产品名称。农药名称登记核准和使用管理的具体规定另行制定。农药的通用名称和简化通用名称不得申请作为注册商标。"

第十四条修改为"农药临时登记证需续展的，应当在登记证有效期满一个月前提出续展登记申请；农药登记证需续展的，应当在登记证有效期满三个月前提出续展登记申请。逾期提出申请的，应当重新办理登记手续。对所受理的临时登记和正式登记续展申请，农业部在二十个工作日内决定是否予以登记续展，但专家评审时间不计算在内。"

五、《中华人民共和国农业法》

1993 年 7 月 2 日第八届全国人民代表大会常务委员会第二次会议通过，2002 年 12 月 28 日第九届全国人民代表大会常务委员会第三十一次会议修订。该法律第二十二条指出，国家采取措施提高农产品的质量，建立健全农产品质量标准体系和质量检验检测监督体系，按照有关技术规范、操作规程和质量卫生安全标准，组织农产品的生产经营，保障农产品质量安全。第二十四条表明，国家实行动植物防疫、检疫制度，健全动植物防疫、检疫体系，加强对动物疫病和植物病、虫、杂草、鼠害的监测、预警、防治，建立重大动物疫情和植物病虫害的快速扑灭机制，建设动物无规定疫病区，实施植物保护工程。其第二十五条规定，农药、兽药、饲料和饲料添加剂、肥料、种子、农业机械等可能危害人畜安全的农业生产资料的生产经营，依照相关法律、行政法规的规定实行登记或者许可制度。各级人民政府应当建立健全农业生产资料的安全使用制度，农民和农业生产经营组织不得使用国家明令淘汰和禁止使用的农药、兽药、饲料添加剂等农业生产资料和其他禁止使用的产品。农业生产资料的生产者、销售者应当对其生产、销售的产品的质量负责,禁止以次充好、以假充真、以不合格的产品冒充合格的产品;禁止生产和销售国家明令淘汰的农药、兽药、饲料添加剂、农业机械等农业生产资料。

第五十八条和第六十五条分别规定了与农作物植保员工作相关的条款,其内容是"农民和农业生产经营组织应当保养耕地,合理使用化肥、农药、农用薄膜,增加使用有机肥料,采用先进技术,保护和提高地力,防止农用地的污染、破坏和地力衰退";"各级农业行政主管部门应当引导农民和农业生产经营组织采取生物措施或者使用高效低毒低残留农药、兽药,防治动植物病、虫、杂草、鼠害。农产品采收后的秸秆及其他剩余物质应当综合利用,妥善处理,防止造成环境污染和生态破坏"。

六、《中华人民共和国种子法》

2000 年 7 月 8 日第九届全国人民代表大会常务委员会第十六次会议通过。现摘要有关条款如下:

第三十八条 调运或者邮寄出县的种子应当附有检疫证书。

第四十六条 禁止生产、经营假、劣种子。

下列种子为假种子:

(一)以非种子冒充种子或者以此种品种种子冒充他种品种种子的;

(二)种子种类、品种、产地与标签标注的内容不符的。

下列种子为劣种子:

(一)质量低于国家规定的种用标准的;

(二)质量低于标签标注指标的;

(三)因变质不能作种子使用的;

(四)杂草种子的比率超过规定的;

(五)带有国家规定检疫对象的有害生物的。

第四十八条 从事品种选育和种子生产、经营以及管理的单位和个人应当遵守有关植物检疫法律、行政法规的规定,防止植物危险性病、虫、杂草及其他有害生物的传播和蔓延。

禁止任何单位和个人在种子生产基地从事病虫害接种试验。

第四十九条 进口种子和出口种子必须实施检疫,防止植物危险性病、虫、杂草及其他有害生物传入境内和传出境外,具体检疫工作按照有关植物进出境检疫法律、行政法规的规定执行。

七、《中华人民共和国植物新品种保护条例》

1997 年 3 月 20 日中华人民共和国国务院令第 213 号发布。现摘要有关条款如下：

第一条 为了保护植物新品种权,鼓励培育和使用植物新品种,促进农业、林业的发展,制定本条例。

第二条 本条例所称植物新品种,是指经过人工培育的或者对发现的野生植物加以开发,具备新颖性、特异性、一致性和稳定性并有适当命名的植物品种。

第五条 生产、销售和推广被授予品种权的植物新品种(以下称授权品种),应当按照国家有关种子的法律、法规的规定审定。

第十三条 申请品种权的植物新品种应当属于国家植物品种保护名录中列举的植物的属或者种。植物品种保护名录由审批机关确定和公布。

第十四条 授予品种权的植物新品种应当具备新颖性。新颖性,是指申请品种权的植物新品种在申请日前该品种繁殖材料未被销售,或者经育种者许可,在中国境内销售该品种繁殖材料未超过 1 年;在中国境外销售藤本植物、林木、果树和观赏树木品种繁殖材料未超过 6 年,销售其他植物品种繁殖材料未超过 4 年。

第十五条 授予品种权的植物新品种应当具备特异性。特异性,是指申请品种权的植物新品种应当明显区别于在递交申请以前已知的植物品种。

第十六条 授予品种权的植物新品种应当具备一致性。一致性,是指申请品种权的植物新品种经过繁殖,除可以预见的变异外,其相关的特征或者特性一致。

第十七条 授予品种权的植物新品种应当具备稳定性。稳定性,是指申请品种权的植物新品种经过反复繁殖后或者在特定繁殖周期结束时,其相关的特征或者特性保持不变。

八、《中华人民共和国产品质量法》

1993 年 2 月 22 日第七届全国人民代表大会常务委员会第三十次会议通过,并根据 2000 年 7 月 8 日第九届全国人民代表大会常务委员会第十六次会议《关于修改〈中华人民共和国产品质量法〉的决定》修正后执行。现摘要有关条款如下：

第一条 为了加强对产品质量的监督管理,提高产品质量水平,明确产品质量责任,保护消费者的合法权益,维护社会经济秩序,制定本法。

第二条 在中华人民共和国境内从事产品生产、销售活动,必须遵守本法。
本法所称产品是指经过加工、制作,用于销售的产品。

第四条 生产者、销售者依照本法规定承担产品质量责任。

第五条 禁止伪造或者冒用认证标志等质量标志;禁止伪造产品的产地,伪造或者冒用他人的厂名、厂址;禁止在生产、销售的产品中掺杂、掺假,以假充真,以次充好。

第八条 国务院产品质量监督部门主管全国产品质量监督工作。国务院有关部门在各自的职责范围内负责产品质量监督工作。

第九条 各级人民政府工作人员和其他国家机关工作人员不得滥用职权、玩忽职守或者徇私舞弊，包庇、放纵本地区、本系统发生的产品生产、销售中违反本法规定的行为，或者阻挠、干预依法对产品生产、销售中违反本法规定的行为进行查处。

第十二条 产品质量应当检验合格，不得以不合格产品冒充合格产品。

第十三条 可能危及人体健康和人身、财产安全的工业产品，必须符合保障人体健康和人身、财产安全的国家标准、行业标准；未制定国家标准、行业标准的，必须符合保障人体健康和人身、财产安全的要求。

禁止生产、销售不符合保障人体健康和人身、财产安全的标准和要求的工业产品。

第十六条 对依法进行的产品质量监督检查，生产者、销售者不得拒绝。

第二十六条 生产者应当对其生产的产品质量负责。

第二十七条 产品或者其包装上的标识必须真实，并符合下列要求：

（一）有产品质量检验合格证明；

（二）有中文标明的产品名称、生产厂厂名和厂址；

（三）根据产品的特点和使用要求，需要标明产品规格、等级、所含主要成份的名称和含量的，用中文相应予以标明；需要事先让消费者知晓的，应当在外包装上标明，或者预先向消费者提供有关资料；

（四）限期使用的产品，应当在显著位置清晰地标明生产日期和安全使用期或者失效日期；

（五）使用不当，容易造成产品本身损坏或者可能危及人身、财产安全的产品，应当有警示标志或者中文警示说明。

裸装的食品和其他根据产品的特点难以附加标识的裸装产品，可以不附加产品标识。

第二十九条 生产者不得生产国家明令淘汰的产品。

第三十二条 生产者生产产品，不得掺杂、掺假，不得以假充真、以次充好，不得以不合格产品冒充合格产品。

第四十二条 由于销售者的过错使产品存在缺陷，造成人身、他人财产损害的，销售者应当承担赔偿责任。

第四十九条 生产、销售不符合保障人体健康和人身、财产安全的国家标准、行业标准的产品的，责令停止生产、销售，没收违法生产、销售的产品，并处违法生产、销售产品（包括已售出和未售出的产品，下同）货值金额等值以上三倍以下的罚款;有违法所得的,并处没收违法所得;情节严重的,吊销营业执照;构成犯罪的,依法追究刑事责任。

第五十条 在产品中掺杂、掺假,以假充真,以次充好,或者以不合格产品冒充合格产品的,责令停止生产、销售,没收违法生产、销售的产品,并处违法生产、销售产品货值金额百分之五十以上三倍以下的罚款;有违法所得的,并处没收违法所得;情节严重的,吊销营业执照;构成犯罪的,依法追究刑事责任。

第五十一条 生产国家明令淘汰的产品的,销售国家明令淘汰并停止销售的产品的,责令停止生产、销售,没收违法生产、销售的产品,并处违法生产、销售产品货值金额等值以下的罚款;有违法所得的,并处没收违法所得;情节严重的,吊销营业执照。

第五十二条 销售失效、变质的产品的,责令停止销售,没收违法销售的产品,并处违法销售产品货值金额二倍以下的罚款;有违法所得的,并处没收违法所得;情节严重的,吊销营业执照;构成犯罪的,依法追究刑事责任。

第五十九条 在广告中对产品质量作虚假宣传,欺骗和误导消费者的,依照《中华人民共和国广告法》的规定追究法律责任。

九、《中华人民共和国经济合同法》

1993年3月15日第九次全国人民代表大会第二次会议通过。全文分总则,第一章一般规定,第二章合同的订立,第三章合同的效力,第四章合同的履行,第五章变更和转让,第六章合同的权利义务终止,第七章违约责任,第八章其他规定、分则,第九章买卖合同等。现摘要有关条款如下:

第一条 为保障社会主义市场经济的健康发展,保护经济合同当事人的合法权益,维护社会经济秩序,促进社会主义现代化建设,制定本法。

第二条 本法适用于平等民事主体的法人、其他经济组织、个体工商户、农村承包经营户相互之间,为实现一定经济目的,明确相互权利义务关系而订立的合同。

第三条 经济合同,除即时清结者外,应当采用书面形式。当事人协商同意的有关修改合同的文书、电报和图表,也是合同的组成部分。

第四条 订立经济合同,必须遵守法律和行政法规。任何单位和个人不得利用合同进行违法活动,扰乱社会经济秩序,损害国家利益和社会公共利益,牟取非法收入。

第五条 订立经济合同,应当遵循平等互利、协商一致的原则。任何一方不得把自己的意志强加给对方。任何单位和个人不得非法干预。

第六条 经济合同依法成立,即具有法律约束力,当事人必须履行合同规定的义务,任何一方不得擅自变更或解除合同。

第九条　当事人双方依法就经济合同的主要条款经过协商一致,经济合同就成立。

第十二条　经济合同应具备以下主要条款:

(一) 标的(指货物、劳务、工程项目等);

(二) 数量和质量;

(三) 价款或酬金;

(四) 履行的期限、地点和方式;

(五) 违约责任。根据法律规定的或经济合同性质必须具备的条款,经及当事人一方要求必须规定的条款,也是经济合同的主要条款。

第十七条　购销合同(包括供应、采购、预购、购销结合及协作、调剂等合同)中产品数量、产品质量和包装质量、产品价格和交货期限按下列规定执行:

(一) 产品数量,由供需双方协商签订。产品数量的计量方法,按国家的规定执行;没有国家规定的,按供需双方商定的方法执行。

(二) 产品质量要求和包装质量要求,有国家强制性标准或者行业强制性标准的,不得低于国家强制性标准或者行业强制性标准签订;没有国家强制性标准,也没有行业强制性标准的,由双方协商签订。供方必须对产品的质量和包装质量负责,提供据以验收的必要的技术资料或实样。产品质量的验收、检疫方法,根据国务院批准的有关规定执行,没有规定的由当事人双方协商确定。

(三) 产品的价格,除国家规定必须执行国家定价的以外,由当事人协商议定。执行国家定价的,在合同规定的交付期限内国家价格调整时,按交付时的价格计价。逾期交货的,遇价格上涨时,按原价格执行;价格下降时,按新价格执行。逾期提货或者逾期付款的,遇价格上涨时,按新价格执行;价格下降时,按原价格执行。

(四) 交(提)货期限要按照合同规定履行。任何一方要求提前或延期交(提)货,应在当事先达成协议,并按协议执行。

第二十六条　凡发生下列情况之一者,允许变更或解除经济合同:

(一) 当事人双方经协商同意,并且不因此损害国家利益和社会公共利益;

(二) 由于不可抗力致使经济合同的全部义务不能履行;

(三) 由于另一方在合同约定的期限内没有履行合同。属于前款第二项或第三项规定的情况的,当事人一方有权通知另一方解除合同。因变更或解除经济合同使一方遭受损失的,除依法可以免除责任的以外,应由责任方负责赔偿。当事人一方发生合并、分立时,由变更后的当事人承担或分别承担履行合同的义务和享受应有的权利。

第二十九条　由于当事人一方的过错,造成经济合同不能履或者不能完全履行,由有过错的一方承担违约责任;如属双方的过错,根据实际情况,由双方分别承担各自应负的违约责任。对由于失职、渎职或其他违法行为造成重大事故或严重损失的直接责任者个人,应追究经济、行政责任直至刑事责任。

第三十三条　违反购销合同的责任

(一)供方的责任

1. 产品的品种、规格、数量、质量和包装质量不符合合同规定,或未按合同规定日期交货,应偿付违约金、赔偿金。

2. 产品错发到货地点或接货单位(人),除按合同规定负责运到规定的到货地点或接货单位(人)外,并承担因此而多支付的运杂费;如果造成逾期交货,偿付逾期交货违约金。

(二)需方的责任

1. 中途退货应偿付违约金、赔偿金。

2. 未按合同规定日期付款或提货,应偿付违约金。

3. 错填或临时变更到货地点,承担由此而多支出的费用。

第四十二条　经济合同发生纠纷时,当事人可以通过协商或者调解解决,当事人不愿通过协商、调解解决或者协商、调解不成的,可以依据合同中的仲裁条款或者事后达成的书面仲裁协议,向仲裁机构申请仲裁。当事人没有在经济合同中订立仲裁条款,事后又没有达成书面仲裁协议的,可以向人民法院起诉。仲裁作出裁决,由仲裁机构制作仲裁裁决书。对仲裁机构的仲裁裁决,当事人应当履行。当事人一方在规定的期限内不履行仲裁机构的仲裁裁决的,另一方可以申请人民法院强制执行。

第四十三条　经济合同争议申请仲裁的期限为2年,自当事人知道或者应当知道其权利被侵害之日起计算。

第四十四条　县级以上各级人民政府工商行政管理部门和其他有关主管部门,依据法律、行政法规规定的职责,负责对经济合同的监督。

第四十五条　对利用经济合同危害国家利益、社会公共利益的违法行为,由县级以上各级人民政府工商行政管理部门和其他有关主管部门依据法律、行政法规规定的职责负责处理,构成犯罪的,依法追究刑事责任。

十、《浙江省植物检疫实施办法》

1988年9月11日浙江省人民政府浙政〔1988〕46号发布,2000年4月18日浙江省人民政府令第118号作了修订,根据2005年11月3日《浙江省人民政府关于修改〈浙江省森林病虫害防治实施办法〉等7件规章的决定》再次修订。现摘要条款如下:

第六条　对局部地区发生的植物检疫对象,可由省农业、林业行政主管部门提出意见,报省人民政府批准划定疫区,并发布疫区封锁令,严禁疫区内能够传带植物检疫对象的植物和植物产品外流。

对疫区内感染植物检疫对象的植物和植物产品,植物检疫机构有权决定销毁或责令改变用途。

第七条 生产种子、苗木等繁殖材料(包括各种花草和花木,下同)的单位或个人,应向所在地植物检疫机构申请产地检疫,并交纳产地检疫费。植物检疫机构应按规定实施产地检疫,对未发现植物检疫对象的,发给产地检疫合格证。

禁止经营、加工未经检疫的种子、苗木等繁殖材料和染疫的植物、植物产品。

第八条 种子、苗木等繁殖材料的调运(包括邮寄和随身携带),应按下列规定办理:

(一)县(市)内凭产地检疫合格证运销。

(二)调出县(市)的,调出单位或个人应凭产地检疫合格证和调入地的县以上植物检疫机构签发的调运植物检疫要求书,在调运前5日向所在地植物检疫机构申请检疫;未取得产地检疫合格证的,调出单位或个人应在调运前15日向所在地植物检疫机构申请检疫,并交纳调运检疫费。所在地植物检疫机构应按规定程序进行检疫,未发现植物检疫对象的,发给植物检疫证书。其中产地检疫费与调运检疫费不得重复收取。

(三)从外省或省内外县(市)调入的,调入单位或个人应事先征得所在地植物检疫机构同意,并向调出单位或个人提出检疫要求,经调出地的县以上植物检疫机构(外省需经省授权的县以上植物检疫机构)检疫合格,发给植物检疫证书后,方可调入。调入的植物除不得带有全国植物检疫对象外,还不得带有本省补充的植物检疫对象。必要时,调入地植物检疫机构有权进行复检;复检中发现植物检疫对象的,禁止种植;无法进行除害处理的应予销毁。

(四)调入单位或个人应将植物检疫证书(正本)保存2年备查。

第九条 列入应施检疫的植物、植物产品名单的非种用植物、植物产品,在运出发生疫情的县级行政区域之前,应当向所在地植物检疫机构申请检疫,取得植物检疫证书后,方可调运。

第十二条 对可能被植物检疫对象污染的包装材料、运载工具、场地、仓库、土壤等也应实施检疫。如已被污染,调运单位或个人应按植物检疫机构的决定进行处理。

第十三条 因实施检疫需要的车船停留、货物搬移、开拆、取样、储存、消毒等费用,由调运单位或个人负责。

第十四条 任何单位或个人不得对已经检疫后的植物和植物产品启封换货、改变数量,不得涂改或转让植物检疫证书。

第十八条 有下列行为之一的,植物检疫机构应当责令当事人纠正,可以处以罚款,并可以没收违法所得;造成损失的,植物检疫机构可以责令当事人赔偿损失;构成犯罪的,由司法机关依法追究其刑事责任:

（一）未依照《植物检疫条例》和本办法规定办理相关植物检疫单证的；

（二）在报检过程中故意谎报受检物品种类、品种，隐瞒受检物品数量、受检作物面积，以及提供虚假证明材料的；

（三）在调运过程中擅自开拆验讫的植物、植物产品包装，调换或夹带其他未经检疫的植物、植物产品的；

（四）伪造、涂改、买卖、转让植物检疫单证、印章、标志、封识的；

（五）试验、生产、推广带有植物检疫对象的种子、苗木等繁殖材料的；

（六）经营、加工未经检疫的种子、苗木等繁殖材料和染疫的植物、植物产品的；

（七）未经批准，擅自从国外及香港、澳门、台湾地区引进种子、苗木等繁殖材料，或者经批准引进后，不在指定地点种植以及不按要求隔离试种的。

第十九条　对上条规定的违法行为的罚款，属非经营性违法行为的，可处以200元以上2000元以下的罚款；属经营性违法行为的，可处以货物价值5％以上30％以下的罚款，但罚款的最高数额不得超过50000元。

因上条所列违法行为引起疫情扩散的，植物检疫机构应当对其从重处罚，并可责令当事人对染疫的植物、植物产品和被污染的包装物作销毁或者除害处理。

第二十二条　当事人对植物检疫机构的行政处罚决定不服的，可以自接到决定之日起60日内，向作出行政处罚决定的植物检疫机构的同级农业、林业行政主管部门申请复议；对复议决定不服的，可以自接到复议决定书之日起15日内，向人民法院提起诉讼。当事人逾期不申请复议或者不起诉又不履行行政处罚决定的，作出处罚决定的植物检疫机构可以申请人民法院强制执行或者依法强制执行。

第二十三条　对损毁植物检疫机构尚在发生法律效力的封印，拒绝、阻碍植物检疫人员依法执行职务，围攻、辱骂、殴打植物检疫人员等违反治安管理处罚规定的，由公安机关依法处罚；构成犯罪的，由司法机关依法追究刑事责任。

第二十四条　植物检疫机构及其工作人员应严格依照植物检疫的各项规定实施检疫和办理审批事项。对不按规定办理造成一定后果的，或者滥用职权、徇私舞弊的，由农业、林业行政主管部门或监察部门给予行政处分；构成犯罪的，由司法机关依法追究刑事责任。

第二十六条　进出境植物、植物产品的检疫，按照《中华人民共和国进出境动植物检疫法》的规定执行。

十一、《浙江省农作物病虫害防治条例》

2010年9月30日浙江省第十一届人民代表大会常务委员会第二十次会议通过，自2011年1月1日起施行。共有总则、监测与预报、预防与治理、农药经营与使用、法律责任、附则六章五十一条。全文如下：

第一章 总 则

第一条 为了预防和控制农作物病虫害危害，加强农业植物保护工作，保障农业生产和农产品质量安全，保护生态环境，促进农业和农村经济发展，根据《中华人民共和国农业法》、《中华人民共和国农产品质量安全法》等法律、行政法规的规定，结合本省实际，制定本条例。

第二条 本省行政区域内农作物病虫害的监测、预报、预防、治理及其监督管理，适用本条例。

第三条 农作物病虫害防治应当遵循预防为主、综合防治的方针，坚持农作物病虫害防治与保护生态环境、保障农产品质量安全并重的原则。

第四条 省、设区的市、县（市、区）人民政府（以下简称县级以上人民政府）应当加强对本行政区域内的农作物病虫害防治工作的领导，将农作物病虫害防治体系建设纳入国民经济和社会发展规划，建立并落实农作物病虫害灾害防控责任制度，加强植保机构和队伍建设，推进专业化统一防治工作。

乡（镇）人民政府、街道办事处应当根据农业生产需要，组织做好农作物病虫害防治工作，确定承担农作物病虫害防治指导工作的机构和人员，协助做好农作物病虫害监测预报设施建设与维护等工作。

县级以上人民政府应当将农作物病虫害监测、预防、灾害应急防控、绿色防治措施的推广等经费纳入财政预算。

第五条 县级以上农业主管部门主管本行政区域内的农作物病虫害防治工作。农业主管部门所属的植保机构具体承担农作物病虫害的监测、预报工作和农作物病虫害防治及农药安全使用的指导、监督等工作。

财政、科技、气象、工商行政管理、环境保护、质量技术监督、卫生、出入境检验检疫、广播电视、供销等部门按照各自职责，共同做好农作物病虫害防治的相关工作。

第六条 农村集体经济组织或者村民委员会应当组织做好本村农作物病虫害防治工作，确定农作物病虫害防治指导人员，督促和指导农业生产经营者做好农作物病虫害防治工作。

农业生产经营者应当加强农作物病虫害防治知识和技术的学习，依法做好农作物病虫害防治工作。

第七条 对在农作物病虫害防治工作中作出突出贡献的社会组织和个人，各级人民政府和有关部门应当予以表彰和奖励。

第二章 监测与预报

第八条 县级以上农业主管部门应当根据农作物病虫害防治体系建设的要

求，加强农作物病虫害监测预报站点和信息系统建设，建立健全监测预报工作制度，保障监测预报工作的正常进行。

第九条　农作物病虫害监测预报站点的监测预报设施受法律保护，任何单位和个人不得擅自移动、占用或者损毁。

因重点工程建设等需要迁移农作物病虫害监测预报站点或者设施的，建设单位应当征得设立该监测预报站点或者设施的农业主管部门同意，并在其指导下进行重建。重建费用由建设单位承担。

第十条　需要在农田、果园等农业生产经营场所安装监测预报设施，或者实施监测预报活动的，农业生产经营者应当予以配合。

因安装农作物病虫害监测预报设施或者实施监测预报活动，给农业生产经营者造成经济损失的，应当给予补偿。

第十一条　植保机构应当按照农作物病虫害监测预报规范开展农作物病虫害监测。

农作物病虫害监测人员应当做好农作物病虫害的调查监测，及时准确提供监测数据。

县级植保机构可以根据需要临时聘用具备农作物病虫害监测技能的人员，协助开展调查监测工作。

农作物病虫害监测预报规范，由省农业主管部门制定。

第十二条　植保机构应当根据农作物病虫害监测数据，按照农作物病虫害监测预报规范，及时作出农作物病虫害发生趋势预测，无偿发布农作物病虫害预报预警信息，并提出农作物病虫害防治意见。

除植保机构外，任何单位和个人不得向社会发布农作物病虫害预报预警信息或者防治意见。

禁止伪造、变造农作物病虫害预报预警信息或者防治意见。

第十三条　农作物发生较大范围病虫害危害或者受到不明原因危害时，有关单位和个人应当及时向当地农业主管部门及其植保机构报告。

第十四条　气象部门应当及时进行农作物病虫害发生发展气象条件监测预测分析，发布农作物病虫害气象预报。气象部门与农业主管部门应当相互无偿提供用于农作物病虫害监测预报的气象信息和农作物病虫害监测预报信息。

广播电视、政府门户网站和省、设区的市人民政府指定的报纸等媒体，应当及时无偿播发、刊登植保机构发布的农作物病虫害预报预警信息。

第三章　预防与治理

第十五条　鼓励农业生产经营者通过采用抗病虫良种、合理的间作轮作、科学的田间管理等措施，减少农作物病虫害的发生。

农作物品种的抗病虫性应当作为农作物新品种审定的主要指标之一。

第十六条　县级以上农业主管部门应当根据农作物病虫害发生情况,及时组织和指导农业生产经营者对农作物病虫害实施有效的防治。

第十七条　农业生产经营者应当根据农业生产和病虫害发生情况,做好农作物病虫害的防治。植保机构发布农作物病虫害预报预警信息的,农业生产经营者应当根据植保机构提出的防治意见,及时进行农作物病虫害防治,按照规定做好病虫害防治记录。

第十八条　农业生产经营者不得使用国家禁止使用的农药及其他农作物病虫害防治产品。

使用化学农药防治农作物病虫害的,农业生产经营者应当优先选用低毒、低残留和对生态环境危害较轻的农药。

第十九条　县级以上农业主管部门根据养蚕、养蜂等产业安全生产和农产品质量安全要求,以及农作物病虫害抗药性情况,可以提出在特定区域、特定时段内以及对特定农作物限制使用的农药名录,报省农业主管部门批准并公布。

农业生产经营者不得违反前款规定使用农药。

第二十条　鼓励大专院校、科研单位和企业等开展农作物病虫害绿色防治技术和产品的研究开发。

鼓励农业生产经营者采用农业防治、生物防治、物理防治等绿色防治技术和产品进行农作物病虫害防治。

第二十一条　县级以上人民政府应当制定农作物病虫害专业化统一防治工作的推进目标和实施计划,并组织实施。

第二十二条　各级人民政府以及农业主管部门应当支持农作物病虫害专业化统一防治服务组织的建设。

农作物病虫害专业化统一防治服务组织应当依法办理工商登记手续,按照服务协议与防治技术规程为农业生产经营者提供农作物病虫害专业化统一防治服务。

第二十三条　农业生产经营企业和农民专业合作经济组织应当建立农作物病虫害专业化统一防治队伍或者委托专业化统一防治服务组织,对本单位的农作物病虫害实行专业化统一防治。

第二十四条　鼓励农村集体经济组织单独或者联合建立农作物病虫害专业化统一防治队伍,为农村集体经济组织成员提供农作物病虫害专业化统一防治服务。

鼓励农村集体经济组织成员参加农作物病虫害专业化统一防治。

第二十五条　各级人民政府应当根据本行政区域内农作物病虫害防治的实际需要,对下列农作物病虫害防治事项提供资金支持:

(一)水稻、茶叶、水果等农作物的农业生产经营者参加农作物病虫害专业化统一防治的;

（二）农业生产经营者采用生物农药、诱虫灯、性诱剂、防虫网等绿色防治技术和产品进行农作物病虫害防治的；

（三）农药生产企业对用于小面积种植农作物的农药进行申报登记的；

（四）农作物病虫害专业化统一防治服务组织为从业人员投保人身意外险的。

前款规定资金支持的具体办法，由省财政部门会同省农业主管部门制定。

第二十六条 县级以上人民政府应当组织农业、林业、渔业、环境保护、财政、交通运输、工商行政管理、出入境检验检疫、科技、铁路等部门按照规定职责采取有效措施，防止外来农业有害生物入侵。

对已经引进的有风险的农业生物和已经入侵的农业有害生物，县级以上农业主管部门应当会同林业、渔业、环境保护等部门，组织有关专家查明发生区域和危害情况，监测其发展趋势，提出相应的防控措施；对需要进行严格控制和扑灭的农业有害生物，县级以上人民政府应当组织农业等有关部门以及乡（镇）人民政府、街道办事处采取有效措施进行控制和扑灭。

对从境外引进可能产生生态危害的农作物种子、苗木和其他繁殖材料，省植物检疫机构应当在依法办理检疫审批手续时，对其进行生态危害风险评估，提出相应的处理意见。引进单位应当按照省植物检疫机构的风险评估及处理意见，做好相关工作。

第二十七条 县级以上人民政府应当按照分级负责的原则，制定农作物病虫害灾害应急预案（以下简称应急预案），落实农作物病虫害灾害防控物资储备。

发生农作物病虫害灾害时，县级以上农业主管部门应当及时向本级人民政府提出启动相应等级应急响应的建议，同时向上级农业主管部门报告。县级以上人民政府根据农业主管部门的建议和有关情况，适时启动相应等级的应急响应，并及时安排和调配控制、扑灭农作物病虫害灾害所需的资金和物资。

有关单位和个人应当按照应急预案的要求，做好农作物病虫害的控制和扑灭工作。

第二十八条 县级以上农业主管部门及其植保机构和农业技术推广机构，应当通过广播电视、互联网等媒体或者采用发放资料、集中授课等形式，加强农作物病虫害防治知识的宣传和普及，定期对农作物病虫害专业化统一防治服务组织、农业生产经营者以及农药经营者等进行农作物病虫害防治技术培训。

农作物病虫害防治技术培训不得收取培训费用，所需经费由同级财政保障。

第二十九条 植保机构及其工作人员不得从事下列行为：

（一）在农作物病虫害防治意见中指定所推介农药的生产单位；

（二）在农作物病虫害防治技术培训时以营利为目的，宣传、推介农作物病虫害防治产品；

（三）违反规定推广农作物病虫害防治新技术、新产品。

第四章　农药经营与使用

第三十条　农药经营实行许可制度。未经许可，任何单位和个人不得从事农药经营。

申领农药经营许可证，应当具备下列条件：

（一）有不少于一名的植保专业技术人员；

（二）有符合规定要求的销售、仓储场所和安全防护、环境保护等设施、设备；

（三）有相应的内部管理制度和员工业务培训制度；

（四）法律、法规规定的其他条件。

经营的农药属于危险化学品的，依照《危险化学品安全管理条例》的规定执行。

第三十一条　申领农药经营许可证的，应当向县级以上农业主管部门提出申请，并根据本条例第三十条第二款规定的条件提供相关材料。

县级以上农业主管部门应当自收到申请之日起十五个工作日内完成审查。经审查符合规定条件的，核发农药经营许可证；不符合规定条件的，应当书面告知并说明理由。

农药经营许可证格式，由省农业主管部门规定。

第三十二条　农药经营许可证有效期为三年。农药经营者需要延续农药经营许可证有效期的，应当在有效期届满三十日前向原发证机关提出申请。原发证机关应当在有效期届满前作出是否准予延续的决定；逾期未作决定的，视为准予延续。

第三十三条　农药经营者在销售农药时应当随货附送农药使用说明书，并正确介绍农药使用范围、防治对象、使用方法、安全间隔期和存放要求等注意事项，不得夸大农药的防治效果，不得误导农药使用者增加用药种类、用药次数和用药量。

农药经营者应当在经营场所张贴植保机构发布的农作物病虫害防治意见，公开农药使用咨询电话，及时解答有关询问。

禁止销售假农药、劣质农药。

第三十四条　农药经营者在销售农药时应当开具销售凭证，并建立购销台账，对产品来源、产品信息、销售信息进行记录。购销台账应当至少保存二年。

第三十五条　农药使用者应当遵守农药安全、合理使用的有关规定，按照农药使用说明书的要求正确配药、施药，并做好安全防护措施。农药使用者不得擅自增加用药次数和用药量。

施用过农药的农作物，应当在安全间隔期满后采收、出售。

第三十六条　植保机构、农业技术推广机构应当指导、督促农药使用者按照有关规定安全、合理使用农药，及时制止和纠正不符合农药使用安全间隔期规定的农作物采收行为。

第三十七条　农药经营者和使用者应当妥善保管农药及农药废弃包装物,不得随意丢弃。

废弃农药及农药废弃包装物实行集中回收和无害化处置,具体办法由省人民政府制定。

第三十八条　县级以上农业主管部门应当建立农药安全使用预警机制。发生农作物农药药害和农药使用安全事故时,农业、卫生主管部门应当会同有关部门及时进行调查和处置,按照规定将有关情况及时报本级人民政府以及上级主管部门,并通报相关部门。

第五章　法律责任

第三十九条　违反本条例规定的行为,法律、法规已有行政处罚规定的,从其规定;构成犯罪的,依法追究刑事责任;造成他人财产损失或者人身损害的,依法承担赔偿责任。

第四十条　违反本条例第九条第一款规定,擅自移动、占用、损毁农作物病虫害监测预报设施的,由县级以上农业主管部门责令限期改正,恢复原状;逾期未改正的,代为恢复原状,费用由违法行为人承担,处五百元以上五千元以下的罚款。

第四十一条　违反本条例第十二条第二款、第三款规定,向社会发布农作物病虫害预报预警信息、防治意见,或者伪造、变造农作物病虫害预报预警信息、防治意见的,由县级以上农业主管部门责令停止违法行为,处一千元以上五千元以下的罚款。

第四十二条　违反本条例第十九条第二款规定,在特定区域、特定时段内或者对特定农作物使用限制使用的农药的,由县级以上农业主管部门责令停止违法行为,给予警告,并处二千元以上二万元以下的罚款。

第四十三条　违反本条例第二十六条第三款规定,从境外引进农作物种子、苗木和其他繁殖材料的单位未按照省植物检疫机构的风险评估及处理意见做好相关工作的,由省植物检疫机构责令改正;逾期未改正的,对引进的农作物种子、苗木和其他繁殖材料予以销毁,处五千元以上五万元以下的罚款。

第四十四条　违反本条例第三十条第一款规定,未经许可从事农药经营的,由县级以上农业主管部门责令停止经营,没收违法所得,并处二千元以上二万元以下的罚款。

第四十五条　违反本条例第三十三条第三款规定,销售假农药、劣质农药的,依照有关法律、法规的规定处理;情节严重的,由原发证机关并处吊销农药经营许可证。

第四十六条 农药经营者有下列行为之一的，由县级以上农业主管部门责令限期改正；逾期未改正的，处一千元以上一万元以下的罚款；情节严重的，由原发证机关并处吊销农药经营许可证：

（一）违反本条例第三十三条第一款规定，在销售农药时未随货附送农药使用说明书或者误导农药使用者增加用药种类、用药次数或者用药量的；

（二）违反本条例第三十四条规定，未建立农药购销台账或者未按照规定进行销售记录和保存购销台账的。

第四十七条 县级以上农业主管部门及其植保机构和其他部门有下列情形之一的，由本级人民政府或者上级人民政府有关部门责令改正，通报批评；对直接负责的主管人员和其他直接责任人员依法给予处分：

（一）未按照本条例规定核发农药经营许可证的；

（二）未按照农作物病虫害监测预报规范发布预报预警信息的；

（三）在农作物病虫害防治意见中指定所推介农药的生产单位的；

（四）未按照本条例规定进行农作物病虫害防治技术培训的；

（五）在农作物病虫害防治技术培训时以营利为目的，宣传、推介农作物病虫害防治产品的；

（六）其他玩忽职守、徇私舞弊、滥用职权的行为。

第六章　附　则

第四十八条 本条例下列用语的含义：

（一）农作物，是指粮食、棉花、油料、麻料、糖料、蔬菜、茶树、桑树、烟草、草类、绿肥、食用菌等作物，以及按照规定列入农作物范围的果树、花卉和中药材。

（二）农作物病虫害，是指对农作物产生危害的病（病原物）、虫（螨）、草、鼠、软体动物和其他有害生物。

（三）农作物病虫害灾害，是指对农作物造成重大危害和严重损失的虫害和流行性植物病害以及其他生物灾害，分为Ⅰ级（特别重大农作物病虫害灾害）、Ⅱ级（重大农作物病虫害灾害）、Ⅲ级（较大农作物病虫害灾害）。

（四）植保专业技术人员，是指取得中等职业教育及以上学历的植保及相关专业人员、具有与植保相关的初级以上技术职称的技术人员，以及取得职业技能鉴定证书的农业植保工。

第四十九条 林业、园林病虫害防治工作，依照有关法律、法规的规定执行。

第五十条 本条例施行前已经从事农药经营的，应当在本条例施行之日起一年内，具备本条例第三十条第二款规定的条件，并向县级以上农业主管部门申领农药经营许可证。

第五十一条 本条例自 2011 年 1 月 1 日起施行。

第三节　农业昆虫基本知识

　　昆虫属于无脊椎动物节肢动物门的昆虫纲,已知种类约 110 万种,约占整个动物界的三分之二,是动物界中种类最多、分布最广、群体数量最大的一个类群。

　　昆虫与人类的关系十分密切,其中有许多是以植物为食料的种类,成为农作物的重要害虫,如为害水稻茎杆组织的螟虫、纵卷稻叶并专食叶肉的纵卷叶螟、吸食作物汁液的蚜虫、飞虱、叶蝉等。有的昆虫除直接为害作物外,还能传播作物病害和人、畜疾病。也有不少种类能帮助植物传花授粉,或协助人类消灭害虫和有害植物,或其本身具有可资利用的经济价值(如家蚕、蜜蜂、白蜡虫等),这些统称为益虫。

　　农业昆虫是指与农业生产密切相关的一些昆虫,通常包括为害农作物的昆虫及其天敌昆虫。

　　此外,与农业生产关系比较密切的无脊椎动物,还有节肢动物门蛛形纲的蜘蛛和螨类、软体动物门腹足纲的蜗牛和野蛞蝓、线虫纲的线虫、甚至老鼠和鸟类等。

一、昆虫的外部形态

　　昆虫虽然种类繁多,外部形态差异很大,但仍有其共同的基本构造。昆虫最主要的共同特征是其成虫的体躯明显地分为头、胸、腹三部分,胸部一般有两对翅,三对足。根据这些特征,就能把昆虫与其他节肢动物区别开来(图 1-1)。

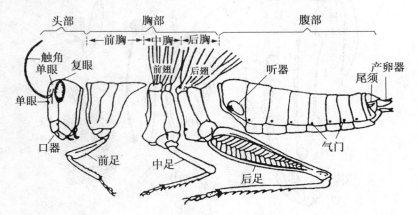

图 1-1　蝗虫体躯构造

(一) 昆虫的头部

　　头部是位于昆虫体躯的最前端,坚硬、成壳、不分节。头部着生触角、眼等感觉器官和口器,因此,头部是昆虫感觉和取食的中心(图 1-2)。

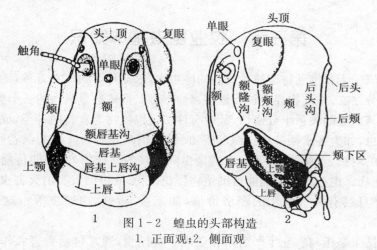

图 1-2　蝗虫的头部构造
1. 正面观；2. 侧面观

1. **触角**　昆虫一般都有 1 对触角，着生在两个复眼之间，多细长，主要由 3 节构成。基部第一节为柄节，第二节为梗节，其余各节统称鞭节（图 1-3）。鞭节的形态变化较大，因而形成各种类型的触角。触角上有许多触角器和嗅觉器，是昆虫感觉和传递信息的主要器官，在昆虫觅食、求偶、产卵、避害等活动中有着重要的作用。

触角形状随昆虫的种类和性别不同而变化（图 1-3）。如金龟甲类具鳃片状触角，蝇类为具芒状触角；多数昆虫雄虫的触角常较雌虫发达，在形状上也表现出明显的不一致，如小地老虎雄蛾的触角是双栉齿状，而雌蛾触角为丝状。因此，触角常作为识别昆虫种类和区分性别的重要依据。

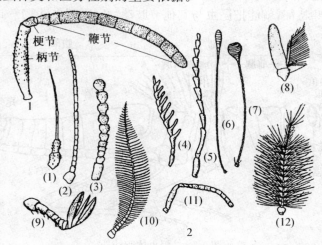

图 1-3　昆虫触角的构造和类型
1. 触角的基本构造；2. 触角的类型：（1）刚毛状（蜻蜓），（2）丝状（飞蝗），（3）念珠状（白蚁）（4）栉齿状（绿豆象），（5）锯齿状（锯天牛）（6）球杆装（白粉蝶），（7）锤状（长角蛉），（8）具芒状（绿蝇），（9）鳃片状（棕色金龟甲），（10）双栉齿状（樟蚕蛾），（11）膝状（蜜蜂），（12）环毛状（库蚊）

2. 眼　昆虫的眼有复眼和单眼两种。复眼 1 对,位于头的两侧,由许多小眼拼凑而成。每个小眼都可以集一束光,这样许多的光点就可以拼合一个像。复眼能分辨光的强度、波长和近距离物体的形象,是昆虫的主要视觉器官。成虫的单眼 1~3 个,每个单眼只是 1 个小眼,故单眼不能成像,只能感受光的强弱和光的方向。

3. 口器　口器是昆虫的取食器官。昆虫因食性和取食方式的不同,口器存在多种类型,有咀嚼式口器、刺吸式口器、虹吸式口器、舐吸式口器、锉吸式口器等。咀嚼式口器、刺吸式口器是昆虫为害农作物的主要口器类型。

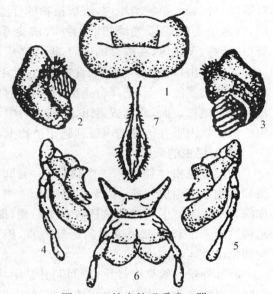

图 1-4　蝗虫的咀嚼式口器
1. 上唇;2、3. 上颚;4、5. 下颚;6. 下唇;7. 舌

(1) 咀嚼式口器　这是一类重要的口器类型,由上唇、上颚、下颚、下唇和舌 5 部分组成。如蝗虫、蝼蛄、甲虫等的口器(图 1-4)。因其具有坚硬的上颚,为害特点是能使植物的组织和器官受到机械损伤而残缺不全。咬后留有明显的缺刻、孔洞和痕迹。

(2) 刺吸式口器　这是另一类重要的口器类型,是由咀嚼式口器演化而成,其上、下颚退化成 2 对口针,下唇延长成包藏口针的槽状结构的喙(图 1-5)。刺吸式

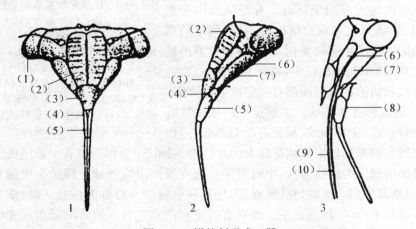

图 1-5　蝉的刺吸式口器
1. 头部正面观;2. 头部侧面观;3. 口器各部分分解:(1) 复眼,(2) 额,(3) 唇基(4) 上唇,
(5) 喙管,(6) 上颚骨片,(7) 下颚骨片,(8) 下唇,(9) 上颚口针,(10) 下颚口针

口器以口针刺入植物组织内，吸取植物的汁液。通常不会造成植物明显的残缺、破损，而是呈变色斑点、卷缩扭曲、肿瘤、枯萎等为害状。许多刺吸式口器的昆虫，如蚜虫、叶蝉、飞虱等，在取食的同时，能传播病毒病，使作物遭受严重损失。

　　了解昆虫口器的类型和取食特点，有助于判断田间害虫类别，同时还可以针对不同口器类型的特点，选择合适的农药进行防治。如防治咀嚼式口器害虫可用胃毒剂施于植株表面，或制成毒饵，使其食后中毒致死；而防治刺吸式口器害虫，则可用能被植物内吸并传导的内吸剂施于植物上，使其吸食含毒汁液而中毒死亡。

（二）昆虫的胸部

　　胸部是昆虫体躯的第二个体段，由前胸、中胸和后胸3节组成。前、中、后胸各着生1对足，称前、中、后足。中胸和后胸还各有1对翅，即前翅和后翅。足和翅都是昆虫的运动器官，因此，胸部是昆虫运动的中心。

　　胸部外壁一般高度骨化，节间尤其是中后胸间联系坚固。每一胸节均由4块骨板组成，分别为背板、腹板和1对侧板。

　　1. 足的构造和类型　昆虫的足由若干节组成，从基部到端部依次为基节、转节、腿节、胫节、跗节和前跗节，基节着生于胸节侧板的膜质基节窝内，一般粗短；转节在各节中最短小；腿节通常最粗大；胫节通常细而长，常具成行的刺或端距；跗节由若干节组成。前跗节主要有爪、中垫等（图1-6）。

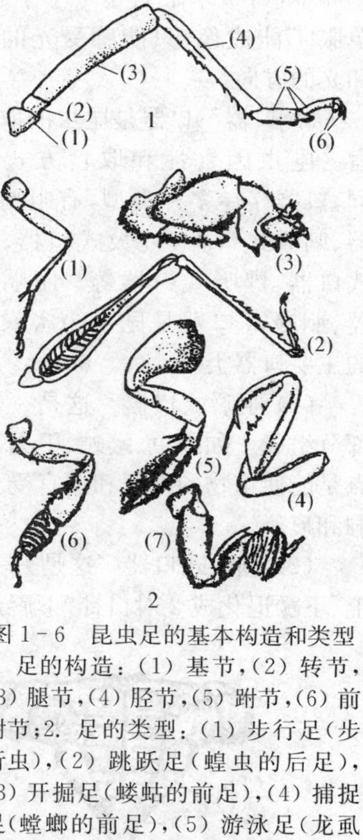

　　昆虫的足大多用于行走。有些昆虫由于生活环境、生活方式和取食情况的不同，胸足的形态和功能发生了相应的变化，形成各种类型的足（图1-6），可据此识别昆虫，判断其生活方式，在保护益虫和防治害虫方面都有一定的应用价值。

　　2. 翅的构造和类型　多数昆虫的成虫具有前、后两对翅。常见的蚊、蝇只有1对前翅，后翅退化成很小的基部较细而端部膨大的片状物，叫做"平衡棒"，也有少数昆虫无翅。

图1-6　昆虫足的基本构造和类型
1. 足的构造：（1）基节，（2）转节，（3）腿节，（4）胫节，（5）跗节，（6）前跗节；2. 足的类型：（1）步行足（步行虫），（2）跳跃足（蝗虫的后足），（3）开掘足（蝼蛄的前足），（4）捕捉足（螳螂的前足），（5）游泳足（龙虱的后足），（6）携粉足（蜜蜂的后足），（7）抱握足（雄龙虱的前足）

　　昆虫的翅多为膜质薄片，中间贯穿着起支撑作用的翅脉。翅脉有纵脉和横脉两种，由基部伸到边缘的翅脉称纵脉，连接两纵脉的短脉称为横脉。纵、横翅脉将翅面围成若干小区，称为翅室。翅室有开室和闭室之分。翅脉的分布形式（脉序）是识别昆虫科的依据之一。

翅的形状多呈三角形,因而有三条"边"(缘)、三个"角",由于翅的折叠,翅面上又发生 3 条褶线将翅面分成 4 个区(图 1-7)。

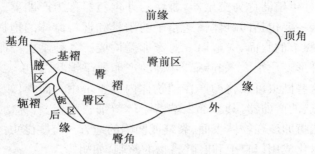

图 1-7 翅的缘、角和分区

昆虫的翅一般为膜质,用作飞行。但是各种昆虫为适应特殊的生活环境,其翅的质地与形状发生了很大的变化,形成了各种类型。如蚜虫、蜂类的翅膜质透明,翅脉明显,称为膜翅。蝗虫、蝼蛄等的前翅革质化,半透明,仍然保留翅脉,覆于体背,兼有保护和飞翔的作用,称覆翅。蝽象的前翅基半部为革质,端半部为膜质,称为半鞘翅。金龟甲等甲虫的前翅角质坚硬,翅脉消失,成为保护后翅及体躯的鞘翅。蛾、蝶类在膜质翅面上覆有一层鳞片,称为鳞翅。蓟马的翅膜质狭长,边缘着生很多细长的缨毛,称为缨翅。昆虫翅的类型是昆虫分目的主要依据(图 1-8)。

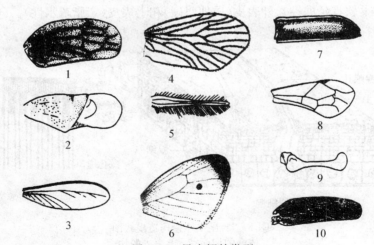

图 1-8 昆虫翅的类型
1. 同翅;2. 半翅;3. 等翅;4. 毛翅;5. 缨翅;
6. 鳞翅;7. 鞘翅;8. 膜翅;9. 平衡翅;10. 复翅

(三)昆虫的腹部

腹部是昆虫体躯的第三个体段,在胸部的后方,一般由 9~11 节组成,各腹节的骨板仅有背板和腹板,两者以侧膜相连。各腹节之间以环状节间膜相连。腹部

1～8节两侧各有1对气门。腹腔内有消化、循环、生殖等内脏器官,许多昆虫腹部末端具有外生殖器。所以腹部是昆虫新陈代谢和生殖的中心。

昆虫雄性外生殖器称为交尾器,雌性的外生殖器称为产卵器。交尾器位于雄性第9节腹面,主要包括向雌体输送精子的阳具和握持雌体的抱握器。产卵器位于雌虫第8、9腹节的腹面,一般由3对产卵瓣构成。各种昆虫产卵的环境场所不同,产卵器的外形变化很大,如叶蜂、叶蝉的产卵器呈锯状,蝗虫、蟋蟀则分别呈锥状和矛状等,这些昆虫可以将卵产在植物体内或土壤中。而蝶、蛾、蝇类和甲虫等昆虫无特殊构造的产卵器,其腹部末端若干体节细长而套叠,称伪产卵器,产卵时可以伸缩,只能将卵产在物体表面、裂缝或凹陷的地方。有些昆虫的产卵器已失去产卵的功能,退化成用以自卫和麻醉猎物的螫刺,如胡蜂。

了解昆虫雌雄外生殖器的构造,对于识别害虫性别和昆虫分类都有很大的帮助,并且对于预测害虫发生数量也有一定的作用。

(四)昆虫的体壁

体壁是昆虫的骨化躯壳,又称为外骨骼。其功能是保持体形、保护内脏、防止体内水分蒸发和外物侵入体内;接受感应,与外界环境联系。

1. 基本构造　体壁是昆虫体躯最外层组织。从外向内,由表皮层、皮细胞层和底膜3部分组成(图1-9)。皮细胞层由单层活细胞组成,部分细胞在发育的过程中能特化成各种不同的腺体和刚毛、鳞片等。表皮层较薄,但构造复杂,又可分为内表皮(柔软具延展性)、外表皮(质地坚硬)和上表皮(亲脂疏水性)。

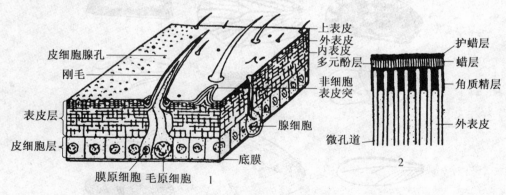

图1-9　昆虫体壁构造模式图
1. 体壁的切面;2. 上表皮的切面

2. 体壁构造与害虫防治的关系　体壁的构造和表面特征影响杀虫剂的杀虫效果。体壁上的刚毛、鳞片、毛、刺等及上表皮的蜡层、护蜡层等影响杀虫剂在昆虫体表的黏着和展布,因而在药液中加适量的洗衣粉等可提高杀虫效果。既具有高度脂溶性又有一定水溶性的杀虫剂能顺利通过亲脂性的上表皮和亲水性的内、外表皮而表现出良好的杀虫效果。昆虫的表皮层随着虫龄的增长而加厚与硬化,虫龄大,体表微毛和表皮中孔道都相应减少,抗药性随之增强,所以用药剂防治害虫,必须掌握在低龄阶段。

二、昆虫的生物学特性

昆虫的生物学特性,包括昆虫的繁殖、发育和生活习性等,是在长期演化过程中逐渐形成的。了解昆虫的生物学特性,对于提示害虫防治效果有重要意义。

(一)昆虫的繁殖方式

1. 两性生殖 又称卵生,是指雌雄两性交配后,卵和精子结合形成受精卵,再发育成新个体的生殖方式。绝大多数昆虫以此繁殖后代。

2. 孤雌生殖 又称单性生殖,是卵不经过受精就能发育成新个体的生殖方式。如蓟马、蚜虫等的生殖方式。此类昆虫能以少量的生活物质,在较短时间内繁殖较多的后代。

3. 卵胎生 是指卵在母体内完成胚胎发育,母体产下的已是初孵幼虫。如蚜虫、麻蝇等的生殖方式。卵胎生能对卵起一种保护作用,同时,由于没有卵期,生活史缩短,繁殖加快,危害性也加大。

4. 多胚生殖 一个卵在发育过程中,分裂成两个以上的胚胎,并且都可发育成新个体的生殖方式,如某些寄生蜂。

多数昆虫完全或基本上以某一种生殖方式繁殖,但有的昆虫兼有两种以上生殖方式,如蜜蜂、棉蚜等。

(二)昆虫的发育与变态

昆虫的个体发育由卵到成虫性成熟为止,可分为胚胎发育和胚后发育两个阶段。前者是从卵发育为幼虫(若虫)的发育期,又称卵内发育;后者是从卵孵化开始至成虫性成熟的发育期。

昆虫在胚后发育过程中,从幼虫变为成虫所发生的一系列复杂的外部形态和内部构造上的变化,称为变态。常见的变态有以下两种类型(图 1-10):

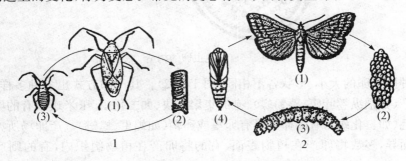

图 1-10 昆虫的变态
1. 不全变态(苜蓿盲蝽):(1)成虫,(2)卵,(3)若虫;
2. 完全变态(玉米螟):(1)成虫,(2)卵,(3)幼虫,(4)蛹

1. 不全变态　　昆虫一生经过卵、若虫、成虫 3 个虫态或虫期的变化,若虫的外部形态和生活习性与成虫很相似,仅在个体大小、翅及生殖器官发育程度等方面存有差异。如蝗虫、飞虱、蝽象、叶蝉、蚜虫等属不全变态。

2. 全变态　　昆虫一生经过卵、幼虫、蛹、成虫 4 个虫态或虫期的变化,各个阶段在形态上、内部器官构造上、生活习性上截然不同。如蛾、蝶类和甲虫类昆虫均属于全变态。

（三）昆虫个体发育各阶段的特点

1. 卵期　　昆虫的生命活动是从卵开始的。从卵刚产下到孵化出幼虫（若虫）所经历的时间称卵期。昆虫的卵是个大型性细胞,外面有一层坚硬且构造十分复杂的卵壳,表面有各种刻纹。卵壳顶部有孔,叫做受精孔或卵孔（图 1-11）,受精时精子由此进入卵内。卵壳主要含有骨蛋白和蜡质,具有高度的不透性,起着很好的保护作用。因此有许多杀虫剂不能杀卵。

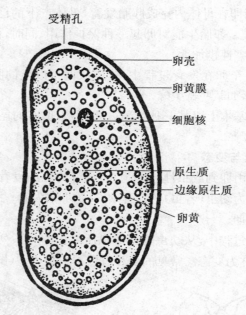

图 1-11　昆虫卵的构造

各种昆虫卵的大小、形状各不相同（图 1-12）。其产卵方式也多种多样,有的单粒散产（如稻纵卷叶螟、菜粉蝶）,有的集聚成块（如二化螟、玉米螟）,有的卵块上覆有茸毛（如三化螟）,有的卵则具有卵囊或卵鞘（如蝗虫、螳螂）。产卵场所亦因昆虫种类而异,多数将卵产在植物表面,有的将卵产在植物组织内,有的则产在土壤中。

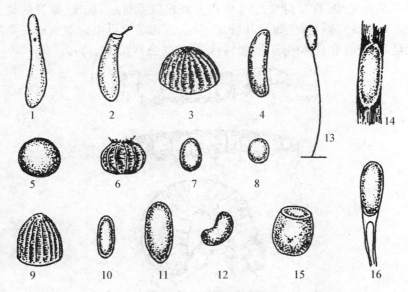

图 1-12　昆虫卵的形状

1. 长茄形(飞虱)；2. 袋形(三点盲蝽)；3. 半球形(小地老虎)；4. 长卵形(蝗虫)；5. 球形(甘薯天蛾)；6. 篓形(棉金刚钻)；7. 椭圆形(蝼蛄)；8. 椭圆形(大黑鳃金龟)；9. 半球形(棉铃虫)；10. 长椭圆形(棉蚜)；11. 长椭圆形(豆芜菁)；12. 肾形(棉蓟马)；13. 有柄形(草蛉)；14. 被有绒毛的椭圆形卵块(三化螟)；15. 桶形(稻绿蝽)；16. 双瓣形(豌豆象)

了解和掌握害虫的产卵习性、产卵规律，便于采取措施，将害虫消灭在危害之前。同时，掌握了害虫的产卵地点，可用查卵的办法，估计害虫的发生量，进行预测预报。

2. 幼虫(若虫)期　胚胎发育完成后，幼虫或若虫破卵壳而出的过程，称为孵化。昆虫自卵孵化为幼虫到变为蛹(或成虫)之前的整个发育阶段，称为幼虫期。幼虫期是昆虫一生中的主要取食为害时期，也是防治的关键阶段。

幼虫取食生长到一定阶段，由于坚韧的体壁限制了它的生长，就必须脱去旧表皮，重新形成新表皮，才能继续生长，这种现象称为蜕皮。

昆虫在蜕皮前常不食不动，每蜕 1 次皮，虫体就显著增大，食量相应增加，在形态上也发生一些相应的变化。从卵孵化到第一次蜕皮前称为第一龄幼虫(若虫)，以后每蜕皮 1 次，幼虫增加 1 龄。所以计算虫龄是蜕皮次数加 1。两次蜕皮之间所经历的时间称为龄期。

昆虫蜕皮的次数和龄期的长短，因种类及环境条件而不同。一般幼虫蜕皮 4 或 5 次。在 2、3 龄前，活动范围小，食量少，抗药能力差；生长后期，则食量骤增，常暴食成灾，而且抗药力增强。所以，防治常掌握在低龄阶段。

完全变态昆虫的幼虫期随种类不同，其幼虫形态也各不相同，常见的主要有 3

种类型,一是多足型(有 3 对胸足,2 对以上腹足以及臀足,如蝶、蛾类的幼虫),二是寡足型(只有 3 对胸足,无腹足和臀足,如草蛉和多数甲虫的幼虫),三是无足型(完全无足,爬行时靠身体的蠕动,如蝇、蛆类的幼虫)(图 1-13)。

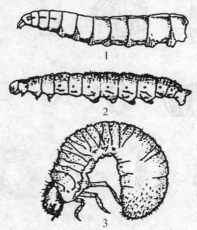

图 1-13　昆虫的幼虫类型
1. 无足型(蝇类);2. 多足型(蝶类);3. 寡足型(蛴螬)

3. **蛹期**　完全变态的幼虫老熟后,即停止取食,寻找适当场所,同时体躯缩短,活动减弱,进入化蛹前的准备阶段,称为预蛹(前蛹)。预蛹蜕去皮变成蛹的过程,称为化蛹。从化蛹起到变为成虫所经过的时间,称为蛹期。在此期间,蛹在外观上不吃不动,实际上内部正进行着幼虫器官解体和成虫器官形成的、激烈的生理变化。因此,这一时期对不利环境因素的抵抗力很差。了解蛹期的这一特性,可以利用这一薄弱环节采取相应措施来消灭害虫。如在二化螟的化蛹盛期,用深水灌溉就可使蛹窒息死亡。

昆虫的蛹一般可分为 3 种类型,一是离蛹(触角、足、翅等游离蛹体外,可动,如甲虫和蜂类的蛹),二是被蛹(触角、足、翅等紧贴蛹体,不可动,如蝶、蛾的蛹),三是围蛹(蛹体被末龄幼虫蜕下的皮包围,如蝇类的蛹)(图 1-14)。

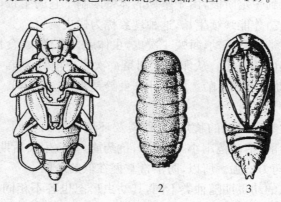

图 1-14　昆虫蛹的类型
1. 离蛹(天牛);2. 围蛹(蝇类);3. 被蛹(蛾类)

　　4. 成虫期　成虫从羽化起直到死亡所经历的时间,称为成虫期。成虫期是昆虫个体发育的最后阶段,其主要任务是交配、产卵、繁衍后代。因此,昆虫的成虫期实质上是生殖时期。

　　不全变态昆虫的末龄若虫蜕皮变为成虫或全变态昆虫的蛹脱去蛹壳变为成虫的行为,称为羽化。

　　某些昆虫在羽化后,性器官已经成熟,不需要再取食,很快就能交尾、产卵,这类昆虫的成虫期是不危害作物的,如二化螟、玉米螟等。大多数昆虫羽化为成虫时,性器官未完全成熟,需要继续取食,才能达到性成熟。这种对成虫性成熟不可缺少的成虫期取食,称为补充营养。这类昆虫的成虫阶段对农作物仍能造成危害,如蝗虫、蟓类、叶蝉、叶甲等。了解昆虫对补充营养的要求,可以作为害虫防治或预测害虫发生的重要依据。许多夜蛾以取食花蜜作为补充营养,故可以用糖醋发酵液诱杀和调查测报,如黏虫、地老虎等。

　　成虫性成熟后即行交配和产卵。从羽化到第一次产卵所间隔的时间称产卵前期。由第一次产卵到产卵终止的时间,称为产卵期。

　　昆虫的产卵能力相当强,一般每头雌虫可产卵数十粒到数百粒,很多蛾类可产卵千粒以上。

　　多数昆虫,其成虫的雌、雄个体在体形上比较相似,仅外生殖器等第一性征不同。但也有少数昆虫,其雌、雄个体除第一性征不同外,在体形、色泽以及生活行为等第二性征方面也存在着差异,称为性二型。如独角犀、锹形甲的雄虫,头部具有雌虫没有的角状突起或特别发达的上颚(图1-15)。菜青虫的成虫——菜粉蝶,其雌、雄之间的花斑、色泽有一定的区别。介壳虫和蓑蛾,雌虫无翅,雄虫有翅。也有的昆虫在同一时期、同一性别中,存在着两种或两种以上的个体类型,称为多型现象,如飞虱有长翅型和短翅型个体,蚜虫有有翅型和无翅型个体等(图1-16)。在营社会性生活的昆虫中,多型现象更为突出。如蜜蜂除雌蜂、雄蜂外,还有雌性生殖腺不发达的工蜂。白蚁具有雌蚁、雄蚁、工蚁和兵蚁等体型。

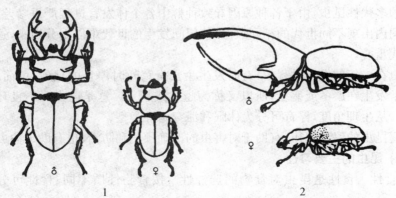

图1-15　两种昆虫的雌雄二型现象
1. 犀金龟;2. 锹形甲

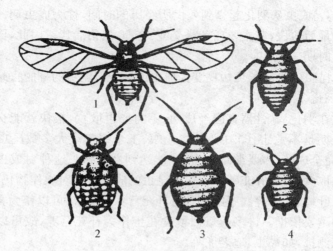

图 1-16　棉蚜的多型性
1. 有翅胎生雌蚜；2. 有翅若蚜；3. 大型无翅胎生雌蚜；4. 小型无翅胎生雌蚜；5. 干母

（四）昆虫的世代、年生活史和停育

昆虫自卵或幼虫离开母体到成虫性成熟能产生后代为止的个体发育周期，称为一个世代。年生活史是指昆虫从当年越冬虫态开始活动到第二年越冬结束为止的发育过程。其中包括一年中发生的世代数、各世代的发生时期及与寄主植物发育阶段的吻合情况、各虫态的历期以及越冬或越夏的虫态和场所等。掌握了这些基本情况，可作为制订防治措施的依据。

世代历期的长短和每年发生的代数因昆虫种类和环境而不同。有的昆虫每年固定地发生一代，称为一代性或一化性昆虫，如大豆食心虫等。有的一年发生几代甚至二十几代，称多代性或多化性昆虫，如棉铃虫、蚜虫等。有的几年甚至十几年才完成一代，如桑天牛、十七年蝉等。多代性昆虫，其每年发生代数往往在低纬度、低海拔地区和温暖年份较多。世代的历期则在温度较高的季节较短。

有的多代性昆虫，由于各种原因导致种群中各个体发育进程严重参差不齐，在同一时间内出现不同世代的相同虫态，使田间发生的世代难以划分出来，这种现象称为世代重叠。

昆虫在一年的发生过程中，有时发生生长发育暂时停止的现象，可简称停育。停育通常发生在严冬或盛夏，所以又称为越冬或越夏。这是昆虫对不良环境的一种适应。从生理角度，停育可分为休眠和滞育两种类型。

掌握昆虫的停育规律，有助于对害虫的准确预测和防治，也有助于益虫保护。

（五）昆虫的主要习性

1. 食性　食性是昆虫对食物的选择性。按食物性质不同，食性可分为以下几种：

（1）植食性　以植物为食。多数植食性昆虫为害虫。少数可以为人类养殖利用，如家蚕等。

植食性昆虫，按其寄主植物的范围宽窄，又可分为单食性，即只取食 1 种植物，如褐稻虱只取食水稻；寡食性，一般只取食同属、同科和近缘科的植物，如二化螟除为害水稻外，还为害茭白、玉米、大小麦等禾本科植物；多食性，能取食多种不同科的植物，如玉米螟可取食 40 科 181 属 200 多种植物。

（2）肉食性　以动物为食。肉食性昆虫多数为益虫，按其取食的方式又可分为捕食性，如肉食性瓢虫，寄生性，如赤眼蜂等。

（3）杂食性　既能取食植物，又能取食动物，如胡蜂、蠷螋等。

（4）腐食性　以动物尸体、腐烂的动植物组织、动物粪便等为食，如食粪金龟甲等。

了解昆虫的食性，可以正确运用轮作倒茬、间作套种、调整作物布局、中耕除草等农业措施来控制或消灭害虫，同时对害虫天敌的选择与利用也有实际意义。

2. 趋性　是昆虫对外界环境刺激或趋或避的反应。趋向刺激为正趋性，避开刺激则为负趋性。按外界刺激的性质，趋性可分为趋光性、趋化性、趋色性、趋温性、趋湿性。在昆虫的综合防治中，可以采用灯光、色板、热源、化学物质等配合其他措施来诱测、诱杀害虫。

3. 自卫习性　昆虫在对环境的长期适应中，获得了自我保护和防卫的能力，称作自卫习性。昆虫的自卫习性多种多样，主要有假死性、保护色等。如金龟子、黏虫的幼虫等，受到突然的接触或震动时，身体卷曲，从植株上坠落地面，一动不动，片刻又爬行或飞起。这种特性称为假死性，它有利于昆虫逃避敌害，在防治上可采用振落捕杀来消灭害虫。保护色是昆虫的体色很像环境颜色。如秋季枯草中的尖头蚱蜢，体色极像枯草的颜色；枯叶蛾在静止时极像一张枯干的树叶。

4. 群集性　是同种昆虫的大量个体密集在一起的习性。群集有临时群集和永久群集之分。临时群集只是在某一虫态和某一段时间内群集在一起，以后便分散，例如二化螟、茶毛虫等初龄幼虫群集在一起，老龄时则分散为害。永久性群集是终生群集在一起，而且群体向同一个方向迁移或做远距离的迁飞。飞蝗是永久群集的典型。昆虫的群集有利其度过不良环境，同时也为我们集中消灭害虫提供了良机。

5. 扩散与迁飞　扩散是昆虫在个体发育中，为了取食、栖息、交配、繁殖和避敌等，在小范围内不断进行的分散行为。如三化螟的低龄幼虫，可通过爬行、吐丝飘荡等方式，以所孵化的卵块为中心向四周扩散；菜蚜在环境条件不适时以有翅蚜在蔬菜田内扩散或向邻近菜地转移。对这类害虫，应掌握在扩散前进行防治。

迁飞是昆虫在一定季节内、一定的成虫发育阶段，有规律地、定向地、远距离迁移飞行的行为。东亚飞蝗、黏虫、白背飞虱、褐飞虱、稻纵卷叶螟、小地老虎等农业害虫具有这一特性。迁飞是昆虫的一种适应性，有助于种的延续生存。

了解昆虫的扩散与迁飞规律，对准确预报、设计合理的综合防治方案具有重要意义。

三、昆虫与环境条件的关系

昆虫的生长发育、繁殖和数量动态，都受环境条件的制约。环境适宜，害虫大发生，为害严重，反之则轻发生或不为害。了解昆虫与周围环境的关系，是害虫测报、防治和益虫利用的基础。

影响害虫发生和数量消长的环境因素，主要是气象、土壤、生物等。

（一）气象因素

气象因素包括温度、湿度及降雨、光、风等，其中温度、湿度的影响最大。

1. 温度　温度是气象因素中对昆虫影响最显著的一个因素。这是因为昆虫是变温动物，其体温随环境温度的高低而变化。昆虫的生命活动是在一定的温度范围内进行的，这个范围称为昆虫的适温区或有效温区，温带地区的昆虫适宜温区一般为 8～40℃。其中最适于昆虫生长发育和繁殖的温度范围称为最适温区，一般在 22～30℃之间。有效温区的下限是昆虫开始生长发育的起点，称为发育起点温度，一般为 8～15℃。温度主要影响昆虫生长发育的速度，在有效温区内两者呈"S"形曲线关系，即在低适温区，发育速度随着温度的上升而缓慢增加；在高适温区，发育速度随着温度的上升明显减慢，直至停止，甚至发育速度下降；而在最适温区范围内，昆虫的发育速度与温度呈直线正相关关系。

昆虫完成一定发育阶段（1 个虫态或 1 个世代），需要一定的温度积累，即发育所需天数与同期内的有效温度（发育起点上的温度）的乘积是一常数。这一常数称为有效积温，而这一规律称为有效积温法则，用公式表示为：

$$K = N(T - C)$$

式中，C 为发育起点温度，T 为环境温度，N 为完成某虫期发育所需天数，K 为该虫期发育期间的有效积温，单位是℃·天。

根据有效积温法则可以推算某种昆虫在一个地区每年可发生的代数，预测昆虫某虫态发生期，还可以求得控制益虫发育进度的最适温度，以便在需要时获得预期的虫态。

2. 湿度　湿度问题实际上是水的问题。水是虫体的组成部分和生命活动的重要物质与媒介。不同的昆虫或同种昆虫的不同发育阶段，对水的要求不同，水分过高或过低都能直接或间接影响昆虫正常生命活动甚至造成死亡。湿度主要影响昆虫的繁殖力和成活率，它对害虫发生量的影响较为明显。多数害虫要求较高的湿度，一般以相对湿度 70%～90%为适宜。但有些吸食植物汁液的害虫，如蚜虫、红蜘蛛等常在干旱年份发生重。

在自然界中,湿度主要来源于降雨。在同一地区,不同年份的降雨时期、次数和降雨量,往往成为当年农业害虫发生量和危害程度大小的重要因素。如黏虫发生的最适温度在 19～22℃,相对湿度在 90% 左右。如果 4～5 月间降雨多,就有大发生的可能。

在自然界中温度、湿度总是同时存在,而且相互联系共同作用于昆虫的。只有在温度、湿度两者都适宜的条件下,才有利于昆虫的发生。例如,三化螟越冬幼虫,当气温上升到 16℃,而湿度不能满足要求时,仍不能化蛹。温度和湿度既互相联系,又互相影响,例如,高温常伴随着干旱,多雨常伴随着低温。如果我们能掌握一种害虫的发生期、发生程度与气象因素的关系,就可利用农业栽培措施,改变田间温湿条件,恶化昆虫的生活环境,来达到消灭害虫的目的。例如,搁田改变了田间温湿度,造成对稻飞虱不利的生活环境。另外,也可根据气象动态来预测害虫的发生情况,做好防治的准备。

(二) 土壤因素

土壤是昆虫的一个特殊的生态环境,有些昆虫终生生活在土壤中,有些则是以某个或几个虫态生活在土中。土壤对昆虫的影响因素主要有土壤温度、土壤湿度及理化性状等。

1. 土壤温度　土壤温度会随着地表附近气温的变化而呈现季节性起伏和昼夜变化,土层越深则土温变化越小。土壤温度主要影响土栖昆虫的生长发育和栖息活动。随着季节的更替和土壤温度的变化,一些地下害虫如蛴螬、蝼蛄、金针虫等在土壤中常做上下垂直移动,从而形成季节性活动为害的节律,如春、秋季上升到土表为害,冬、夏季则潜入土壤深处越冬或越夏。

2. 土壤湿度　土壤空隙中的空气湿度,除表土层外一般总是处于饱和状态,对土栖昆虫影响不大。许多昆虫的不活动虫态如卵和蛹,常以土壤作为栖境。对土栖昆虫影响较大的是土壤含水量。一般土栖昆虫要求湿润而通气良好的土壤条件,土壤过干或淹水都会直接影响它们的分布、生存、发育和活动。

3. 土壤的理化性质　土壤酸碱度及含盐量,对土栖昆虫或半土栖昆虫的活动与分布有很大影响。如华北蝼蛄喜欢在沙质而湿润的土壤,黏重的土中则发生较少。种蝇常选择湿润的含有未腐熟肥料的土壤中产卵。蝗虫的卵多产在比较坚实的湿地、田埂、路边等处,一般在新翻耕的土壤中很少有卵。

(三) 生物因素

影响昆虫生存、发育和繁殖的生物因素主要是昆虫的食物和天敌。

1. 食物　食物是昆虫生存的必需条件。各种昆虫都有自己一定的取食范围。它们在取食最适宜的食物时,生长发育快,死亡率低,繁殖力高。除单食性昆虫外,多数昆虫在缺乏嗜食的植物种类时,虽也可取食其他植物,但其生长发育将受到明显抑制,成活率和繁殖量也会显著下降。同一种植物的不同生育阶段或器官对昆虫的作用也有明显差异，如棉红铃虫取食花蕾存活率一般只有 10% 左右，以青铃为食的存活率则提高 18~19 倍。很多昆虫的发生与其适宜寄主或寄主的适宜生育阶段有同步关系，如棉蚜越冬卵的孵化与木槿的发芽同步，这是长期适应形成的物候关系。天敌的发生时间则对害虫种群有明显的跟随现象。作物的布局、种植方式也与昆虫的发生发展有密切关系。

2. 天敌因素　天敌是害虫一切生物性敌害的统称，主要包括以下 3 类：

（1）天敌昆虫　包括捕食性和寄生性两类，捕食性的有螳螂、食虫蜻象、草蛉、虎甲、步甲、瓢虫、食虫虻、食蚜蝇等。寄生性的以膜翅目、双翅目昆虫利用价值最大，如赤眼蜂、蚜茧蜂、寄生蝇等。

（2）致病微生物　常见的昆虫病原微生物有细菌、真菌、病毒和其他病原生物（如线虫）等。目前研究和应用较多的昆虫病原细菌为芽孢杆菌，如苏云金杆菌。病原真菌中比较重要的有白僵菌、蚜霉菌等。昆虫病毒最常见的是核型多角体病毒。

（3）其他食虫动物　包括蜘蛛、食虫螨、青蛙、蟾蜍、鸟类及家禽等，它们多为捕食性（少数蛾类为寄生性），能取食大量害虫。

除了上述三方面的自然因素外，人类的生产活动对于昆虫的繁殖和活动也有着很大的影响。人类的生产活动，如大规模兴修水利、植树造林和治山改水的活动，在改变自然面貌的同时，也改变着昆虫的生活繁殖环境。有些害虫会因此得不到食料或者不能适应新的环境而逐渐衰亡；也有一些害虫则会因适宜于改变后的环境而大量繁殖起来。人类可以运用化学的、物理的方法大量扑灭害虫，引进或移植天敌抑制害虫；而滥用农药又可能引起害虫产生抗药性和天敌被杀伤，导致害虫再猖獗。此外，种子、苗木和农产品的运距离调运，还可能帮助害虫远距离传播，带进一些危险性害虫。因此，我们必须既考虑人类生产活动对昆虫带来有利的一面，又要注意可能引起不利的一面，切实做到避害兴利。

四、农业昆虫分类

（一）昆虫分类概述

昆虫分类是研究昆虫的基础，是认识昆虫的基本方法。昆虫分类是根据其形态特征、生物学特性、生态特性、亲缘关系、进化程度加以分析归纳进行的。昆虫的分类系统由界、门、纲、目、科、属、种 7 个基本单位所组成。有时为了更细致地分类，可在各阶元（之）下设"亚"级，在目、科之上设"总"级。以东亚飞蝗为例，其分类阶梯如下：

界　动物（界）Animalia

门　节肢动物门 Arthropoda

纲　昆虫纲 Insecta

亚纲　有翅亚纲 Eterygota

总目　直翅总目 Orthopteroides

目　直翅目 Orthoptera

亚目　蝗亚目 Locustodea

总科　蝗总科 Locustoidea

科　蝗科 Locustidea

亚科　飞蝗亚科 Locustinae

属　飞蝗属 *Locusta*

种　飞蝗 *Locusta mingratoria* L.

亚种　东亚飞蝗 *Locusta mingratoria manilensis* Meyen

种是昆虫分类的最基本单位。同种昆虫形态相同,能自然交配并产生有生殖力的后代。种间有明显的界限,并存在生殖隔离。

每种已知昆虫都有一个且只有一个全球通用的名字,称为学名。种的学名用拉丁文书写,由属名加种名组成,印刷时用斜体字。首字母大写。种名之后是定名人的姓,用正体字,首字母亦大写。若该学名更改过,原定名人的姓氏外要加圆括号。例如黏虫的学名为:

Mythimna　　　　*siparata*　　　　（Walker）

属名　　　　　　种名　　　　　　定名人

(二) 农业昆虫重要的目

昆虫纲共分 33 个目,但作为植物害虫和天敌的主要有 9 个目,即直翅目、半翅目、同翅目、缨翅目、脉翅目、鞘翅目、鳞翅目、双翅目和膜翅目。

1. 直翅目　体中至大型。口器咀嚼式,头下口式。触角多为丝状,少数为剑状。前胸背板大而明显,多呈马鞍形。多数有翅两对,前翅呈革翅,后翅作纸扇状折叠,膜质。后足为跳跃足,或前足为开掘足。雌虫产卵器一般发达。常具听器和发音器(雄虫)。不全变态。一般植食性。除少数种类如螳螂能捕食害虫外,大多是农业上的害虫,如蝗虫、蝼蛄、蟋蟀、螽斯等(图 1-17)。

2. 半翅目　一般通称为蝽象,简称"蝽"。体小至大型,略扁平。触角多为丝状。口器刺吸式,具分节的喙(图 1-18)。喙着生在头的前方,不用时贴放在头胸的腹面。前胸背板及中胸小盾片发达。前翅基半部坚硬,端半部柔软,后翅膜质。很多种类在胸部腹面有臭腺,开口在后足基节旁,可放出恶臭的气味,用于自卫,故俗称"臭蝽象"、"臭屁虫"。不全变态,陆生或水生,植食性或肉食性。植食性的主要有蝽象、网蝽、盲蝽等,捕食性的主要有猎蝽、姬猎蝽等。

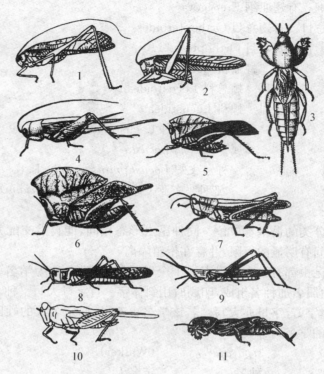

图 1-17　直翅目

1. 纺织娘；2. 中华螽斯；3. 华北蝼蛄；4. 南方油葫芦；5、6. 剑尾蟋；
7. 中华稻蝗；8. 东亚飞蝗；9. 中华蚱蜢；10. 突眼蚱；11. 新蚤蝼

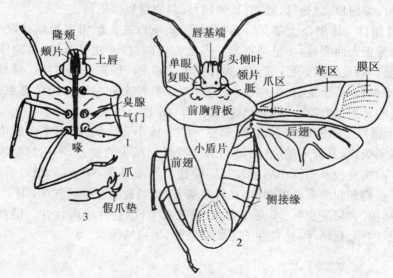

图 1-18　半翅目昆虫的身体结构

1. 体腹面观；2. 体背面观；3. 假爪垫

3. 同翅目　体小到大型。触角刚毛状或线状。口器刺吸式,从头的后方生出。前翅质地均匀,膜质或革质,休息时常呈屋脊状(图1-19)。不全变态,有些种类有有翅型和无翅型,或短翅型和长翅型之分,形成多型现象。生殖方式多样,有两性卵生、孤雌卵生、孤雌胎生等。全部植食性,吸收植物汁液使其枯萎;不少种类分泌蜜露,诱致植物霉污病;或取食时分泌唾液,刺激植物组织畸形,形成虫瘿;有些种类可以传播植物病毒病。主要有叶蝉、飞虱、蚜虫、粉虱、介壳虫等。

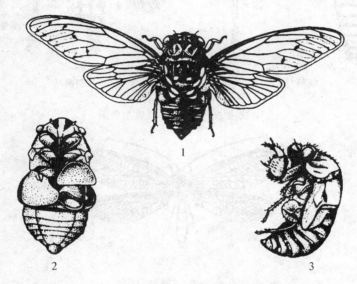

图1-19　同翅目(蝉)
1. 成虫;2. 雄虫体躯腹面观(示发音器);3. 若虫

4. 缨翅目　通称蓟马。体小型,黑色,细长略扁,头长方形。口器锉吸式。前、后翅为缨翅,翅脉最多只有2条纵脉。有些种类无翅。足末端有能伸缩的泡状中垫,爪退化。腹部末端呈圆锥状或细管状,有锯状产卵器或无产卵器。属过渐变态。多数种类植食性,是农林害虫,如稻蓟马等;少数以捕食蚜虫、螨类和其他蓟马为生,是昆虫天敌(图1-20)。

5. 脉翅目　一般中、小型,也有大型种类。口器咀嚼式。触角细长、线状、念珠状、栉齿状或球杆状。前、后翅膜翅,翅脉复杂呈网状。少数种类翅脉较少。全变态。卵长形,有的有长柄。幼虫为寡足型,胸足发达,口器外形为咀嚼式,但上下颚左右形成长管具有吮吸功能。蛹为离蛹,外有丝茧。多数种类为捕食性。如草蛉等(图1-21)。

6. 鞘翅目　是昆虫纲中最大的目,通称甲虫。体小至大型。咀嚼式口器。前翅鞘翅,静止时覆盖在背上,后翅膜质,用于飞翔,静止时折叠于前翅下。少数种类后翅退化。足多数为步行足。全变态。幼虫寡足型或无足型,体形多变。蛹为离

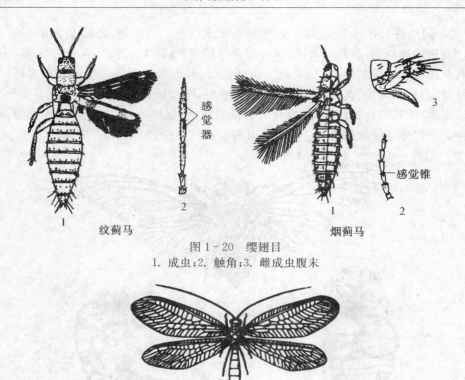

纹蓟马　　　　　　　　　　　　烟蓟马

图 1-20　缨翅目
1. 成虫；2. 触角；3. 雌成虫腹末

草蛉成虫

图 1-21　脉翅目

蛹。食性复杂，有植食性、肉食性、腐食性、粪食性、杂食性。不少种类成虫能取食为害（如叶甲和植食性金龟甲类等），但与幼虫取食部位有所不同。成虫有假死性，大多数有趋光性。

本目分两个亚目，即肉食亚目和多食亚目。肉食亚目主要有步甲、虎甲等。多食亚目主要有叩头虫、吉丁虫、天牛、瓢虫、叶甲、豆象、金龟甲、象甲、芫菁、皮蠹等（图 1-22）。

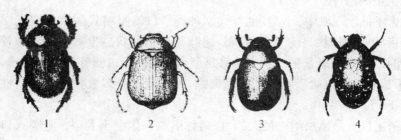

图 1-22　鞘翅目
1. 粪蜣科粪蜣；2. 鳃角金龟科棕色鳃金龟；3. 丽金龟科铜绿丽金龟；4. 花金龟科小青花金龟

7. 鳞翅目　这是昆虫纲中第二个大目。体小至大型,体翅密被鳞片,翅面上各种颜色的鳞片组成不同的线和斑,是重要的分类特征。口器虹吸式。全变态。幼虫多足型,蛹为被蛹。体表柔软,头部坚硬,每侧常有 6 个单眼,唇基三角形,额很狭成"人"字形,口器咀嚼式,有吐丝器。胸足 3 对,腹足多为 5 对,着生在腹部第 3 至 6 节和第 10 节上。腹足底面有趾钩,可与其他目幼虫相区别。幼虫体上常有斑线和毛。蛹为被蛹。成虫吸食花蜜作为补充营养,一般不为害作物,有的种类不取食,完成交配产卵的任务后即死亡。幼虫绝大多数为植食性,多为重要的农、林害虫,少数如家蚕、柞蚕、蓖麻蚕是益虫。

主要分为蛾和蝶两大类。蝶类成虫触角为球杆状,静止时翅竖立体背,多在白天活动。主要有粉蝶、弄蝶、凤蝶、颊蝶、灰蝶、眼蝶等(图 1 - 23)。

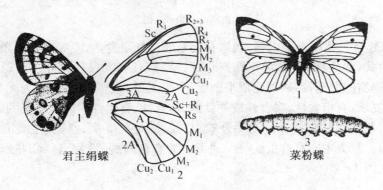

图 1 - 23　蝶类
1. 成虫;2. 脉序;3. 幼虫

蛾类成虫触角有线状、栉状、羽状等多种形状,但不呈球杆状,静止时翅向两旁平展或呈屋脊状,大多在夜间活动。主要有夜蛾、螟蛾、麦蛾、菜蛾、潜蛾、卷蛾、舟蛾、毒蛾、蓑蛾、灯蛾、尺蛾、刺蛾、枯叶蛾、天蛾、木蠹蛾、透翅蛾、斑蛾等(图 1 - 24)。

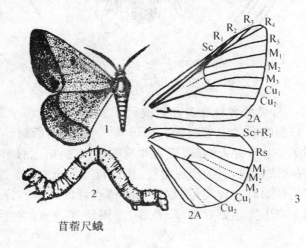

苜蓿尺蛾

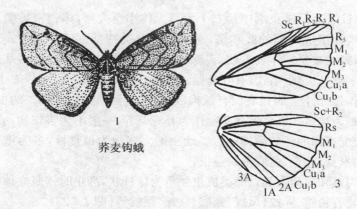

图 1 - 24　蛾类
1. 成虫；2. 幼虫；3. 脉序

8. 双翅目　体型小至中等，偶尔有大型的。复眼发达，眼 3 个。触角多样，有线状、栉齿状、念珠状、环毛状和具芒状等。口器有刺吸式和舐吸式或退化消失。仅有 1 对膜质的前翅，后翅退化成平衡棒，少数无翅。全变态。幼虫为无足型。幼虫的食性复杂，有植食性、腐食性或粪食性、捕食性、寄生性。许多种类的成虫取食植物汁液、花蜜作补充营养。主要分蚊类、虻类、蝇类 3 类。蚊类主要有瘿蚊、蕈蚊、摇蚊等。虻类主要有食虫虻等。蝇类主要有食蚜蝇、潜蝇、秆蝇、花蝇、果蝇以及寄蝇等（图 1 - 25）。

图 1 - 25　双翅目
1. 瘿蚊成虫；2. 华广虻；3. 中华长鞭水虻

9. 膜翅目　常见的各种蜂类和蚂蚁属于该目。体微小至大型。触角丝状、锤状或膝状。口器咀嚼式或嚼吸式。翅膜质，前翅大于后翅。前翅常有一显著的翅痣。腹部第一节常并入胸部，成为并胸腹节，有的第二腹节细小如柄。产卵器发达，常呈锯状或针状，有的变成螯针，用以自卫。全变态。多数肉食性，如各种捕食性和寄生性的有益种类；少数种类为植食性的害虫。许多种类表现出群居性和社会性。寄生类主要有姬蜂、茧蜂、赤眼蜂等。植食种类，如叶蜂、茎蜂、树蜂等(图1-26)。

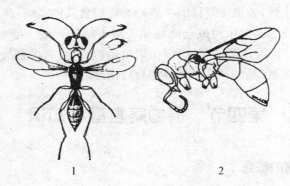

图1-26　膜翅目
1. 螯蜂科两色食虱螯蜂；2. 清风科丽脚青蜂

10. 蜱螨目　蜱螨目是节肢动物门蛛形纲内与农业生产具有密切关系的一个目,由一群形态、生活习性和栖息场所均多样的小型节肢动物组成。食性多样,有植食性、捕食性和寄生性。

蜱类与昆虫的主要区别在于:蜱类体型微小,卵圆形或蠕虫形,体不分头、胸、腹三段;无翅,无复眼,或只有1~2对单眼;有足4对(少数有足2对或3对)(图1-27)。

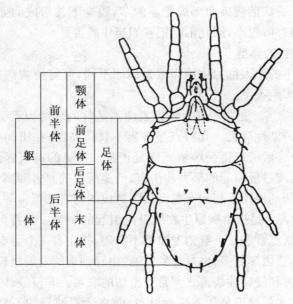

图1-27　蜱类

蜱类多数进行两性卵生。一生经过卵、幼螨、若螨、成螨期,幼螨有足3对,若螨有足4对。蜱类多数植食性,以刺吸式口器取食植物汁液,引起变色、畸形,或形成虫瘿、毛毡等,如叶螨科的朱砂叶螨、山楂叶螨,瘿螨科的柑橘锈螨等。有些螨类具有捕食性或寄生性,如植绥螨科的一些种类能捕食其他害螨,在生物防治中得到利用。还有些螨类为害食用菌或仓储物品。对害螨的防治一般采用化学防治法,喷施杀螨剂即可。但要注意的是,害螨类繁殖迅速,对药剂很容易产生抗性,因此,田间防治一定要注意保护天敌,做到科学合理用药。

第四节　植物病害基本知识

一、植物病害的概念

(一)植物病害的定义

植物在生长发育、产品运输和贮存中,受不良环境条件的影响或遭受病原生物侵染,引起在生理、组织和形态上发生一系列病理变化,并出现各种不正常特征,从而造成产量降低、品质变劣,影响经济价值,这种现象称为植物病害。

植物病害都有一定的病理变化过程(即病理程序),而植物的自然衰老凋谢以及受到虫伤、机械伤、台风冰雹等伤害,由于没有病理程序,不称病害。但有一些植物在寄生物的感染或在人类控制的环境下,生长发育出现一系列异常变化、形态改变,如菱白受到黑粉病菌侵染而形成肥厚的茎,弱光下栽培成的韭黄等,其经济价值并未降低,反而有所提高,因此不能把它们当作病害。

(二)植物病害的类型

植物病害发生的原因称为病原。根据病原不同,可将植物病害分为非侵染性病害和侵染性病害两大类。

1. 非侵染性病害　是指由非生物因素即不适宜的环境因素引起的病害,又称生理性病害或非传染性病害。其特点是病害不具传染性,在田间分布呈现片状或条状,环境条件改善后可以得到缓解或恢复正常。常见的有营养元素不足所致的缺素症、水分不足或过量引起的旱害和涝害、低温所致的寒害和高温所致的烫伤及日灼症以及化学药剂使用不当和有毒污染物造成的药害和毒害等。

2. 侵染性病害　是指由病原生物侵染所引起的病害。其特点是具有传染性,病害发生后不能恢复常态。一般初发时都不均匀,往往有一个分布相对较多的"发病中心"。病害经过由少到多、由点片到普通、由轻到重的发展过程。

非侵染性病害和侵染性病害之间常有密切的联系。非侵染性病害常诱发侵染性病害的发生,如水稻缺钾易诱发胡麻叶斑病;在低温缺氧的不良环境条件下,秧苗容易发生绵腐病;氮肥过多易发生稻瘟病和纹枯病等。因此,改进栽培措施,使作物生长健壮,是提高抗病力,防治病害的重要手段。反之,侵染性病害也可为非侵染性病害的发生提供有利条件,如小麦在越冬前发生锈病后,会削弱植株的抗寒能力而易受冻害。

正确识别非侵染性病害和侵染性病害，在生产实践上有重要意义，因为只有首先正确诊断病害发生的原因，才能有的放矢地采取相应的防治措施。

（三）植物病害的症状

症状是指植物染病后的不正常表现，是其生理、组织和形态所表现的异常状态。症状包括病状和病征两方面。病状是指植物本身表现出的各种不正常状态。病征是指病原物在植物发病部位表现的特征。植物病害都有病状，而病征只有在真菌、细菌所引起的病害才表现明显。

1. 病状类型

（1）变色 植物患病后局部或全株失去正常的颜色，称为变色。变色不引起细胞死亡。叶绿素的合成受抑制或被破坏，植物绿色部分均匀地变为浅绿、黄绿称褪绿，褪成黄色称为黄化；叶片不均匀褪色，呈黄、绿相间，称为花叶；叶绿素消失后，花青素形成过盛，叶片变红或紫红称为红叶。

（2）坏死 植物受害部位的细胞、组织或器官受到破坏而死亡，称为坏死。常表现有病斑、叶枯、溃疡、疮痂等，植物发病后最常见的坏死是病斑。病斑可以发生在根、茎、叶、果实等器官上。因病斑的颜色、形状等不同有褐斑、黑斑、灰斑、黄斑、红斑、白斑、圆斑、环斑、条斑、角斑、轮纹斑和不规则斑等。

（3）腐烂 植物细胞和组织发生较大面积的消解和破坏，称为腐烂。组织幼嫩多汁的，如瓜果、蔬菜、块根及块茎等多出现湿腐，如白菜软腐病；组织较坚硬，含水分较少或腐烂后很快失水的多引起干腐，如玉米干腐病。幼苗的根或茎腐烂，幼苗直立死亡，称为立枯，幼苗倒伏，称为猝倒。

（4）萎蔫 植物由于失水而导致枝叶萎垂的现象称为萎蔫。由于土壤中含水量过少或高温时过强的蒸腾作用而引起的植物暂时缺水，若及时供水，植物是可以恢复正常的，这称为生理性萎蔫。而因病原物的侵害，植物根部或茎部的输导组织被破坏，使水分不能正常运输而引起的凋萎现象，通常是不能恢复的，称为病理性萎蔫。萎蔫急速，枝叶初期仍为青色的叫青枯，如番茄青枯病。萎蔫进展缓慢，枝叶逐渐干枯的叫枯萎，如棉花枯萎病。

（5）畸形 受害植物的细胞或组织过度增生或受到抑制而造成的形态异常称为畸形，如植株徒长、矮缩、丛枝、瘤肿、叶片皱缩、卷叶、蕨叶等。

2. 病征类型

（1）霉状物 病部表面产生各种颜色的霉层，如绵霉、霜霉、青霉、灰霉、黑霉、赤霉等。如油菜霜霉病、柑橘绿霉病等。

（2）粉状物 病部产生各种颜色的粉状物，有白粉、黑粉、铁锈色粉。白色粉状物多在病部表面产生；黑粉和铁锈粉多在植物器官或组织破坏后产生。如各种植物的白粉病、麦类黑粉病、梨锈病等。

（3）粒状物　病部产生的大小、形状及着生情况各异的小颗粒状物,多数呈针头状、暗黑色。为真菌的子囊壳、分生孢子器、分生孢子盘等形成和特征。如各种植物炭疽病。

（4）菌核　是真菌菌丝体所组成的一种特殊结构,形态、大小差别很大,有的似鼠粪状,有的呈菜籽状,多数呈黑褐色。如油菜菌核病、水稻纹枯病等。

（5）脓状物　病部产生乳白色或淡黄色似露珠的脓状黏液,干燥后成黄褐色薄膜或胶粒。脓状物是细菌和植物汁的混合物。如水稻白叶枯病的菌脓。

症状是植物病害较为稳定的一种特征。因此它是诊断病害的重要依据。一般来说,由于不同病原对植物的影响不同,故表现的症状也不同:非侵染性病害在病部找不到病原物;病毒病害在病部外表也看不到病原物;细菌病害在病部形成菌脓;真菌病害在病部可以找到各种霉状物、粉状物、粒状物等病原物。但是病害的症状并不是固定不变的。同一种病害,往往因作物品种、环境条件、发病时期的不同而不同,如稻瘟病。而有时不同的病原,却可表现出相似的症状,如稻瘟病和稻胡麻斑病。因此,凭症状诊断病害并不完全可靠,必要时还需进行病原鉴定。

二、植物侵染性病害的病原物

植物侵染性病害的病原生物主要有真菌、原核生物(细菌和菌原体)、病毒、线虫和寄生性种子植物等。多数是由真菌引起的,其次为病毒和细菌所引起。

（一）植物病原真菌

真菌病害是植物病害中种类最多和最重要的一类。真菌的主要特征是:营养体呈细小的丝状菌丝,具有细胞壁和细胞核;主要繁殖方式是产生各种类型的孢子;不含叶绿素,不能自制养分,以寄生或腐生方式生存,属异养生物。

1. 真菌的一般性状

（1）营养体　真菌营养生长阶段的结构称为营养体。除少数种类的营养体是圆形或近圆形的单细胞或变形体外,真菌典型的营养体是极细小又多分枝的丝状体。单根丝状体称为菌丝,成丛或交织成团的丝状体称为菌丝体。菌丝通常呈圆管状,大部分无色透明,少数表现不同颜色。低等真菌的菌丝没有横隔膜,称无隔菌丝;高等真菌的菌丝有隔膜,称有隔菌丝(图1-28)。

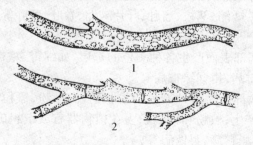

图1-28　真菌的菌丝
1. 无隔菌丝;2. 有隔菌丝

菌丝一般是从孢子萌发以后形成的芽管发育而成的。菌丝的每一部分都有潜在生长的能力,在适宜的环境条件下,每一小段都能长出新的菌丝体。

大多数菌丝体都在寄主细胞内或细胞间生长,直接从寄主细胞内或通过细胞壁吸取养分。生长在寄主细胞间的真菌,尤其是专性寄生真菌,从菌丝体上形成伸入寄主细胞内吸取养分的结构称为吸器。吸器的形状因真菌种类不同而异,有瘤状、分枝状、指状、掌状、丝状等。

有些真菌的菌丝体在不适宜的条件下或生长发育后期发生变态,形成一些特殊结构,如菌核、菌索、子座等组织体,以度过不良环境。

菌核是由菌丝交结而成的颗粒状结构,形状大小各异,有菜籽状、绿豆状、鼠粪状或不规则状等。环境适宜时,菌核吸水膨胀,产生新的菌丝或繁殖体。

菌索是由很多菌丝平行排列而成的绳索状物,外形与高等植物的根有些相似,所以也称根状菌索。其有蔓延和直接侵染的作用。

子座是由菌丝交织而成或由菌丝体和部分寄主组织结合而成的垫状营养结构。其上或内部形成子实体,也可直接产生繁殖体。

(2)繁殖体　大多数真菌的菌丝体生长发育到一定阶段后,就转入繁殖阶段。真菌的主要繁殖方式是通过营养体的转化,形成大量的孢子。真菌的孢子相当于高等植物的种子,对传播和传代都起着重要作用,而且是真菌分类的重要依据。真菌产生孢子的结构,不论简单或复杂都称为子实体,子实体是由菌丝体与部分寄主组织结合而形成的。真菌的繁殖方式可分为无性繁殖和有性繁殖两大类。

无性繁殖是不经过两性细胞或性器官结合而直接由营养体分化形成无性孢子的繁殖方式。常见的无性孢子如图 1-29 所示。

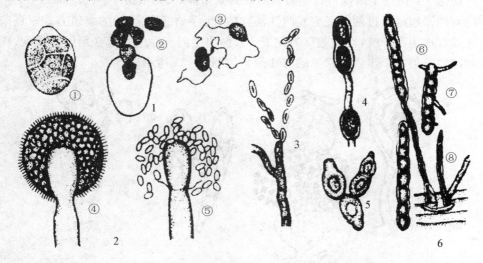

图 1-29　真菌无性孢子类型
1. 游动孢子：① 孢子囊,② 孢子囊萌发,③ 游动孢子；2. 孢囊孢子：
④ 孢子囊及孢子囊梗,⑤ 孢子囊破裂并释放出孢囊孢子；3. 粉孢子；
4. 厚垣孢子；5. 芽孢子；6. 分生孢子：⑥ 分生孢子,⑦ 分生孢子萌发,⑧ 分生孢子梗

　　游动孢子和孢囊孢子：菌丝顶端分化成较菌丝膨大的囊状物,叫孢子囊。其下有梗,称为孢囊梗。孢子囊内无细胞壁,有鞭毛,遇水能游动的孢子叫游动孢子;有细胞壁,无鞭毛,不能游动,借气流传播的孢子叫孢囊孢子。

　　分生孢子：分生孢子产生于由菌丝分化而形成的梗上,这种梗称为分生孢子梗。分生孢子成熟后从梗上脱落传播。有些真菌的分生孢子和分生孢子梗还着生在分生孢子盘和分生孢子器上(图1-30)。分生孢子盘和分生孢子器都是由菌丝交织而成的,前者呈垫状或盘状,后者为球形或瓶状,顶端有孔口。它们先在寄生表皮下形成,成熟后露出表面呈小黑点状。

图1-30　分生孢子盘(左)和分生孢子器(右)

　　厚垣孢子：有些真菌菌丝或孢子中的某些细胞膨大变圆、原生质浓缩、细胞壁加厚而形成的休眠孢子。

　　芽孢子：由菌丝细胞或孢子芽生小突起,经过生长和发育,最终脱离母细胞所形成的独立新个体。

　　粉孢子：由气生菌丝自行断裂而形成的繁殖体,又称节孢子。

　　有性繁殖是经过两性细胞或两性器官结合而产生有性孢子的繁殖方式。真菌的性器官称为配子囊,性细胞称为配子。真菌典型的有性生殖都必须经历质配、核配和减数分裂3个步骤。常见的有性孢子如图1-31所示。

图1-31　真菌有性孢子的类型
1. 卵孢子；2. 接合孢子；3. 子囊孢子；4. 担孢子

卵孢子：由两个异形配子囊结合而成。卵孢子球形、壁厚，可以抵抗不良环境，有休眠越冬作用。

接合孢子：由两个同形配子囊结合而成的球形、厚壁的休眠孢子，可以抵抗不良环境。

子囊孢子：由两个异形配子囊结合，先形成很多长棒形或椭圆形的囊状结构（叫子囊），然后在子囊内形成 8 个子囊孢子。子囊通常产生在具包被的子囊果内。常见的子囊果有 3 种类型（图 1-32），即球状而无孔口的闭囊壳；瓶状或球状，顶端开口的子囊壳；盘状或杯状的子囊盘。

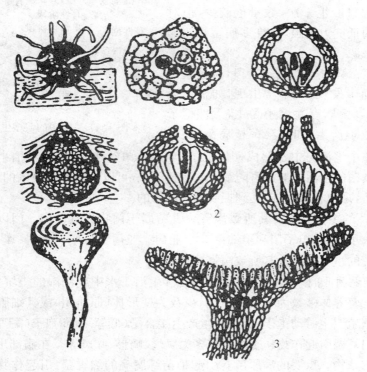

图 1-32　子囊果及其剖面
1. 闭囊壳；2. 子囊壳；3. 子囊盘

担孢子：两性器官退化，先由两性菌丝结合，形成双核菌丝，再由双核菌丝顶端长出 4 个小分枝叫担子，每个担子上产生 1 个外生担孢子。有些真菌在产生担子前，双核菌丝先形成厚垣孢子或冬孢子，再由这两种孢子萌发产生担子和担孢子。

2. 真菌的生活史　是指真菌从一种孢子开始，经过萌发、生长和发育，最后又产生同一种孢子的个体发育过程。真菌典型的生活史一般包括无性和有性两个阶段（图 1-33）。在无性阶段，菌丝体经过一段时间的生长，产生无性孢子。无性孢子在适宜条件下萌发形成新的菌丝体。无性孢子在一个生长季节中可产生多次，产生的数量也很大，对植物病害的传播蔓延起着重要作用，但对不良环境的抵抗力较弱，寿命短。有性阶段多发生在植物生长或病菌侵染的后期，从菌丝体上分化形成配子囊，并由其结合经过质配、核配和减数分裂产生有性孢子。有性孢子在一个生长季节中或一年中通常只产生 1 次，数量也较少，但对不良环境的抵抗力较强，是许多病害每年的初次侵染来源。

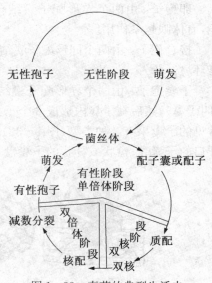

图 1-33　真菌的典型生活史

　　有些真菌只有无性繁殖阶段，有性繁殖阶段目前尚未发现，或不常出现，如稻瘟病菌；也有些真菌以有性繁殖为主，无性孢子很少产生或不产生，如油菜菌核病菌；还有些真菌在整个生活史中不形成任何孢子，全部由菌丝体完成，如水稻小球菌核病菌。了解真菌的生活史对病害防治有着重要意义，可以根据不同真菌的生活史，抓住关键环节，采取相应措施，达到控制病害的目的。

　　3. 真菌的主要类群及其所致病害　　真菌属于菌物界真菌门。门以下分鞭毛菌、接合菌、子囊菌、担子菌和半知菌 5 个亚门。亚门下分纲、目、科、属、种。现将各亚门真菌的主要特征及其所致病害简述如下：

　　(1) 鞭毛菌亚门　本亚门中的低等类群生活于水中或潮湿的土壤中，高级类群为陆生。营养体多数为无隔菌丝体，少数为变形体(原质团)或具细胞壁的单细胞。无性繁殖产生游动孢子，有性繁殖产生接合子(低等)或卵孢子(高等)。

　　本亚门真菌引起作物病害的病状多为腐烂、畸形、叶斑等。在病部出现白色绵毛状物或霉状物。重要的病原菌有引起稻苗绵腐病的绵霉菌、引起作物幼苗猝倒病的腐霉菌、引起马铃薯晚疫病的疫霉菌、引起油菜白锈病的白锈菌、引起十字花科蔬菜霜霉病的霜霉菌等。

　　(2) 接合菌亚门　本亚门真菌为陆生。大多数为腐生菌，在农产品贮藏运输过程中引起霉烂，在病部产生白色的毛霉状物。其营养体为发达的无隔菌丝体，无性繁殖产生孢囊泡子，有性繁殖产生接合孢子。本亚门重要的病原菌是引起甘薯软腐病的黑根霉菌。

　　(3) 子囊菌亚门　本亚门的真菌大多数为陆生。营养体多为发达分枝的有隔菌丝体，无性繁殖主要产生分生孢子。有性繁殖产生子囊孢子。大多数子囊产生于子囊果中。子囊菌所致作物病害的病状主要是斑点、畸形、腐烂和枯萎。在病部产生粉状物、霉状物或点粒状物及菌核等病征。本亚门重要的病原菌有引起禾谷类及瓜类作物白粉病的白粉菌、引起麦类赤霉病的赤霉菌、引起油菜菌核病的核盘菌等。

（4）担子菌亚门　担子菌是最高等的一类真菌，均为陆生。低等担子菌几乎全部为寄生菌，可引起植物病害；高等的担子菌多为腐生菌，其中许多是食用菌或药用菌。营养体为发达的有隔菌丝体，且多数为双核菌丝体。大多数担子菌没有无性繁殖，有性繁殖产生担子及担孢子。担子菌中重要的病原菌有黑粉病和锈病，分别引起各种作物的黑粉病和锈病，在病部形成黑色粉状物或锈色粉状物。

（5）半知菌亚门　本亚门的真菌大多陆生。营养体为分枝繁茂的有隔菌丝体，无性繁殖主要是产生各种类型的分生孢子，没有或还没有发现其有性阶段，故称半知菌。当发现其有性阶段时，大多属于子囊菌，少数为担子菌。本亚门的真菌引起作物病害的病状主要有斑点、腐烂、萎蔫和畸形；在病部形成粉状物、霉状物、菌核及小粒状物等病征。重要的病原菌有引起稻瘟病的梨孢菌、引起棉花炭疽病的炭疽菌、引起茄褐纹病的拟茎点霉菌、引起多种作物立枯病的丝核菌等。

（二）植物病原细菌

细菌是一类有细胞壁，但无固定细胞核的单细胞的原核生物。细菌的种类很多，但所致植物病害的数量和危害性远不如真菌。尽管如此，有些细菌病害也是农业生产上的重要问题，如茄科植物的青枯病、水稻白叶枯病、大白菜和马铃薯软腐病等。

1. 细菌的一般性状　细菌的形态有球状、杆状和螺旋状 3 种，植物病原细菌都为杆状，且绝大多数具有细长的鞭毛。着生在菌体一端或两端的鞭毛称为极鞭，着生在菌体四周的鞭毛称为周鞭（图 1-34）。革兰氏染色反应多数阴性，少数阳性。

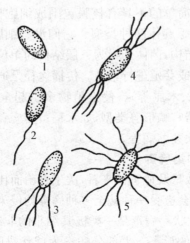

图 1-34　植物病原细菌的形态
1. 无鞭毛；2. 单极鞭毛；3. 单极丛鞭毛；4. 双极丛鞭毛；5. 周鞭毛

细菌以裂殖方式进行繁殖，即当一个细胞长成后，从中间进行横分裂而成两个子细胞。细菌的繁殖很快，在适宜的条件下，每 20 分钟就可以分裂 1 次。

大多数植物病原细菌都是死体营养生物，对营养的要求不严格，可在一般人工培养基上生长。在固体培养基上形成的菌落多为白色、灰白色或黄色。培养基的酸碱度以中性偏碱为宜，培养的最适温度一般为 26～30℃。大多数植物病原细菌都是好氧的，少数为兼性厌气。

2. 植物病原细菌的主要类群 常见植物病原细菌属及其主要特征如下：

（1）假单胞菌属 菌体短杆状或略弯，鞭毛 1～4 根或多根，极生。革兰氏染色反应阴性，严格好气性。培养基上形成的菌落为灰白色，有的能产生荧光色素。为害植物引起叶斑、坏死及茎秆溃疡等症状。

（2）黄单胞菌属 菌体短杆状，有 1 根极鞭，革兰氏染色反应阴性，严格好气性。培养基上形成蜜黄色菌落。为害植物主要引起叶斑、叶枯，少数引起萎蔫等症状，如水稻白叶枯病、甘蓝黑腐病。

（3）土壤杆菌属 菌体短杆状，鞭毛 1～6 根，周生或侧生。革兰氏染色反应阴性，好气性。培养基上形成黏性的灰白色至白色菌落。常引起木本植物的瘤肿和发根等畸形症状，如果树根癌病。

（4）欧文氏菌属 菌体短杆状，除 1 个种无鞭毛外，都有多根周生鞭毛。革兰氏染色反应阴性，兼性好气性。培养基上菌落呈灰白色。为害植物后多引起软腐，少数引起枯死和萎蔫，如十字花科蔬菜软腐病等。

（5）棍状杆菌属 菌体短杆状至不规则杆状，无鞭毛，革兰氏染色反应阳性，好气性。培养基上菌落多为灰白色。为害植物后引起萎蔫、溃疡等症状，如马铃薯环腐病等。

（三）植物菌原体

植物菌原体是一类最简单的不具有核膜包围成细胞核的原核生物，包括植原体（即原来的类菌原体）和螺旋体两种类型。它们没有细胞壁，没有革兰氏染色反应，也无鞭毛等其他附属结构，菌体外缘为三层结构的单位膜。

植物菌原体通过裂殖或芽殖进行繁殖。传播途径是通过嫁接传染和昆虫传播（主要是叶蝉，其次是飞虱、木虱等）。侵染植物多引起全株性症状，主要表现有：黄化、矮缩、丛枝、萎缩及器官畸形等类型，如水稻黄萎病、玉米矮缩病、马铃薯丛枝病、花生丛枝病、枣疯病、桑萎缩病等。

（四）植物病原病毒和类病毒

植物病毒病害，就其数量及危害性来看，次于真菌而比细菌严重。从大田作物到蔬菜、果树、园林花卉都会遭受一种甚至多种病毒的侵染，造成严重的经济损失。

1. 植物病毒的一般性状 病毒是一类极其细小的非细胞形态的寄生物，通过电子显微镜可以观察到它的形态。大部分病毒为球状、杆状和线状，少数为弹状、杆菌状和双联体状等(图1-35)。

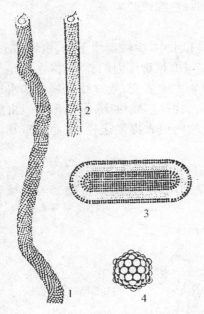

图1-35　植物病毒形态
1. 线状;2. 杆状;3. 短杆状;4. 球状

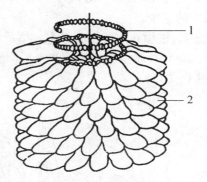

图1-36　烟草花叶病毒结构
1. 核酸;2. 蛋白质

病毒结构简单,其个体由核酸和蛋白质组成(图1-36)。核酸在中间,形成心轴。蛋白质包围在核酸外面,形成一层衣壳,对核酸起保护作用。

病毒是一种专性寄生物,只能在活的寄主细胞内生活繁殖。当病毒粒体与寄主细胞活的原生质接触后,病毒的核酸与蛋白质衣壳分离,核酸进入寄主细胞内,改变寄主细胞的代谢途径,并利用寄主的营养物质、能量和合成系统,分别合成病毒的核酸和蛋白质衣壳,最后核酸进入蛋白质衣壳内而形成新的病毒粒体。病毒的这种独特的繁殖方式叫做增殖,也称为复制。通常病毒的增殖过程也是病毒的致病过程。

2. 植物病毒的传播特点　病毒是通过寄主植物体内带毒汁液传病的,其传播完全是被动的,具体传播方式有机械传播(汁液摩擦传播)、无性繁殖材料和嫁接传播、种子和花粉传播、介体传播。介体传播是植物病毒最主要的传播方式。自然界能传播病毒的生物介体有昆虫、螨、线虫和真菌等。昆虫是最主要的传毒介体,其中尤以刺吸式口器昆虫,如蚜虫、叶蝉、飞虱等最为重要。

3. 类病毒　类病毒比病毒更小、更简单,在结构上没有蛋白质外壳,只有裸露的核糖核酸碎片。种子带毒率高,可通过种子传毒、无性繁殖材料和汁液接触传染,昆虫也能传播病害。

　　类病毒引致的病害症状有：病株矮化、畸形、黄化、坏死、裂皮等，如马铃薯纺锤块茎病、柑橘裂皮病、葡萄黄点病、菊花矮缩病和褪绿斑驳病等。

（五）植物病原线虫

　　线虫属于动物界，线虫门。多数腐生在土壤和水中，少数寄生于动、植物体上。寄生在植物上，引起植物病害。它的为害除直接吸取植物体内的养料外，主要是分泌激素性物质或毒素，破坏寄主生理功能，使植物发生病变，故称线虫病。如水稻干尖线虫病、花生根结线虫病、大豆胞囊线虫病、甘薯茎线虫病、柑橘根结线虫病等。此外，线虫的活动和为害，还能为其他病原物的侵入提供途径，从而加重其他病害的发生。

　　1. 植物病原线虫的形态　　植物病原线虫虫体细小、圆筒状、两端稍尖，多数为雌、雄同形，雌虫较雄虫略肥大；少数为雌、雄异形，雄虫线形，雌虫梨形或柠檬形（图 1 - 37）。

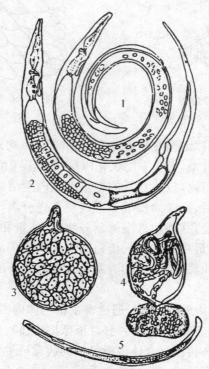

图 1 - 37　植物病原线虫的形态
1. 雄线虫；2. 雌线虫；3. 孢囊线虫属雌虫；
4. 根结线虫属雌虫和卵囊；5. 根结线虫属雄虫

　　2. 植物病原线虫的发生规律　　植物病原线虫的生活史包括卵、幼虫和成虫 3 个阶段。卵产于病组织或土壤中，有少数留在雌虫体内。一龄幼虫在卵内发育，孵化后遇适宜的条件就侵入寄生为害。幼虫经 3～4 次蜕皮即变为成虫。

植物病原线虫都是专性寄生的,其寄生方式可分为外寄生和内寄生两种,虫体全部钻入植物组织内的称为内寄生,仅以口针穿刺到寄主组织内吸食,而虫体留在植物体外的称外寄生。有的线虫早期是外寄生,后期是内寄生。

很多植物病原线虫首先必须在土壤中生活一段时期后再侵入植物体,故土壤温度、水分、氧气状况、土壤质地对其有直接的影响,一般 20～30℃、湿度较大、氧气充足、砂性土壤利于线虫生长发育和活动,线虫为害严重。

(六) 寄生性种子植物

种子植物绝大多数都是自养的,其中少数由于缺少足够的叶绿素或因为某些器官的退化,靠寄生在其他种子植物上生活,称为寄生性种子植物。大多数寄生性种子植物都是双子叶植物,大多寄生在山野植物和树木上,少数寄生于农作物上,如大豆菟丝子、瓜类列当等,在农业生产上可造成较大的危害。

根据对寄主依赖程度的不同,寄生性种子植物可分为半寄生和全寄生两类。半寄生种子植物有叶绿素,能进行正常的光合作用,但根系退化,只需从寄主植物内吸收水分和无机盐,如寄生在林木上的桑寄生和槲寄生。全寄生种子植物没有叶片或叶片退化,叶绿素消失,根亦退化,必须从寄主植物内吸收全部养分和水分,如菟丝子和列当等。

根据寄生部位不同,寄生性种子植物还可分为茎寄生和根寄生。茎寄生如菟丝子(图 1-38)、桑寄生等;寄生在植物根部的为根寄生,如列当(图 1-39)等。

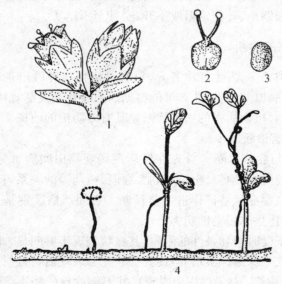

图 1-38　大豆菟丝子
1. 花;2. 雌蕊;3. 种子;4. 种子萌发和侵害方式

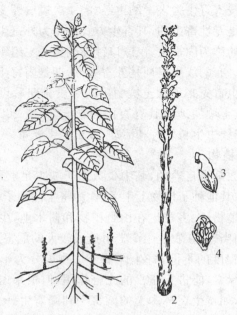

图1-39　向日葵列当
1. 危害性；2. 向日葵列当植株；3. 花；4. 种子

寄生性种子植物对寄主植物的影响，主要是抑制其生长。草本植物受害后，主要表现为植株矮小、黄化，严重时全株枯死。木本植物受害后，通常出现落叶、落果、顶枝枯死、叶面缩小、开花延迟或不开花，甚至不结实。

三、植物病害的诊断

植物病害种类繁多，发生规律各异，只有对植物病害做出正确诊断，找出病害发生的原因，确定病原的种类，才有可能根据病原特性和发病规律制定切实可行的防治措施。因此，对植物病害的正确诊断是其有效防治的前提。

（一）植物病害诊断的步骤

1. 田间观察与症状诊断　首先在发病现场观察田间病害分布情况。调查了解病害发生与当地气候、地势、土质、施肥、灌溉、喷药等的关系，初步做出病害类别的判断。再仔细观察症状特征作进一步诊断。必须严格区别是虫害、伤害还是病害，是侵染性病害还是非侵染性病害。

有些病害由于受时间和条件的限制，其症状表现不够明显，难以鉴别。必须进行连续观察或经人工保温保湿培养，使其症状充分表现后，再进行诊断。

2. 室内病原鉴定　对于仅用肉眼观察并不能确诊的病害，还要在室内借助一定的仪器设备进行病原鉴定，如用显微镜观察病原物形态。对于某些新的或少见的真菌和细菌性病害，还需进行病原物的分离、培养和人工接种试验，才能确定真正的致病菌。

（二）各类病害诊断的方法

1. **非侵染性病害与侵染性病害的诊断**　非侵染性病害由不良的环境条件所致。一般在田间表现为较大面积的同时均匀发生，无逐步传染扩散的现象，除少数由高温或药害等引起局部病变（灼伤、枯斑）外，通常发病植株表现为全株性发病。从病株上看不到任何病征。必要时可采用化学诊断法、人工诱发及治疗试验法进行诊断。化学诊断法可通过对病株或病田土壤进行化学分析，测定其成分和含量，再与健株或无病田土壤进行比较，从而了解引起病害的真正原因，常用于缺素症等的诊断。人工诱发及治疗试验是在初诊基础上，用可疑病因处理健康植株，观察是否发生病害。或对病株进行针对性治疗，观察其症状是否减轻或是否恢复正常。

侵染性病害由病原物引起，病害的发生往往有轻、中、重的过程，有明显病征和传染迹象（病毒病害和线虫病害无病征）。病株分布比较分散，病、健株交错在一起，有发病中心。

2. **真菌病害的诊断**　真菌病害的主要病状是坏死、腐烂和萎蔫，少数为畸形；在发病部位常产生霉状物、粉状物、锈状物、粒状物等病征。可根据病状特点，结合病征的出现，用扩大镜观察病部病征类型，确定真菌病害的种类。如果病部表面病征不明显，可将病组织用清水洗净后，经保温、保湿培养，在病部长出菌体后制成临时玻片，用显微镜观察病原物形态。

3. **细菌病害的诊断**　细菌所致的植物病害症状，主要有斑点、溃疡、萎蔫、腐烂及畸形等。多数叶斑受叶脉限制呈多角形或近似圆形斑。病斑初期呈半透明水渍状或油渍状，边缘常有褪绿的黄晕圈。多数细菌病害在发病后期，当气候潮湿时，从病部的气孔、水孔、皮孔及伤口处溢出黏状物，即菌脓，这是细菌病害区别于其他病害的主要特征。腐烂型细菌病害的重要特点是腐烂的组织黏滑且有臭味。

切片检查有无喷菌现象是诊断细菌病害简单而可靠的方法。其具体方法是：切取小块病健部交界的组织，放在玻片上的水滴中，盖上盖玻片，在显微镜下观察，如在切口处有云雾状细菌溢出，说明是细菌性病害。对萎蔫型细菌病害，将病茎横切，可见维管束变褐色，用手挤压，可从维管束流出混浊的黏液，利用这个特点可与真菌性枯萎病区别。也可将病组织洗净后，剪下一小段，在盛有水的瓶里插入病茎或在保湿条件下经一段时间，从切口处有混浊的细菌溢出。

4. **病毒病害的诊断**　植物病毒病有病状没有病征。病状多表现为花叶、黄化、矮缩、丛枝等，少数为坏死斑点。感病植株，多为全株性发病，少数为局部性发病。在田间一般心叶首先出现症状，然后扩展至植株的其他部分。此外，随着气温的变化，特别是在高温条件下，病毒病常会发生隐症现象。

病毒病症状有时易与非侵染性病害混淆，诊断时要仔细观察和调查，注意病害在田间的分布，综合分析气候、土壤、栽培管理等与发病的关系，病害扩展与传毒昆虫的关系等。必要时还需采用汁液摩擦接种、嫁接传染或昆虫传毒等接种试验,以证实其传染性,这是诊断病毒病的常用方法。

5. 线虫病害的诊断　　线虫多数引起植物地下部发病,病害是缓慢的衰退症状,很少有急性发病。通常表现为植株矮小、叶片黄化、茎叶畸形、叶尖干枯、须根丛生以及形成虫瘿、肿瘤、根结等。

鉴定时,可剖切虫瘿或肿瘤部分,用针挑取线虫制片或用清水浸渍病组织,或做病组织切片镜检。有些植物线虫不产生虫瘿和根结,可通过漏斗分离法或叶片染色法检查。必要时可用虫瘿、病株种子、病田土壤等进行人工接种。

(三)诊断植物病害时应注意的事项

上述分析表明,对于各类植物病害的诊断均有一定的方法和步骤,但也应看到,自然界中的事物是极其复杂的,因此在具体植物病害的诊断过程中尚需注意如下问题:

1. 病害症状的复杂性　　植物病害的症状虽有一定的特异性和稳定性,但在许多情况下还表现有一定的变异性和复杂性。病害发生初期和后期症状往往不同。同一种病害,由于植物品种、生长环境和栽培管理等方面的差异,症状表现有很大差异。相反,有时不同的病原物在同一寄主植物上又会表现出相似的症状,若不仔细观察,往往得不到正确的结论。因此,为了防止误诊,有时进行病原菌鉴定是十分必要的。

2. 病原菌和腐生菌的混淆　　植物在生病以后,由于组织、器官的坏死病部往往容易被腐生菌污染,因此便出现了可同时镜检出多种微生物类群的现象。故诊断时应根据寄主种类、症状特征、病原形态进行综合分析,必要时还需进行接种试验,以正确区别病原菌和腐生菌。

3. 病害与虫害、伤害的混淆　　病害与虫害、伤害的主要区别在于前者有病变过程,后者则没有。但也有例外,如蚜虫、螨类为害后也能诱发类似于病害的被害状,这就需要仔细观察和鉴别才能区分。

4. 侵染性病害和非侵染性病害的混淆　　在自然条件下,侵染性病害和非侵染性病害有时是联合发生的,容易混淆。而侵染性病害的病毒病类症状与非侵染性病害的症状类似,必须通过调查、鉴定、接种等手段进行综合分析,方可做出正确诊断。

四、植物侵染性病害的发生和发展

(一)病原物的寄生性和致病性

1. 寄生性　　一种生物生活在另一种生物的外表或内部,并从后者体内获得赖以生存的主要营养物质,这种生物称为寄生物。供给寄生物以必要生活条件的生物就是它们的寄主。绝大多数病原物与植物之间都是一种寄生关系。病原物的寄生性是指病原物从寄主活的细胞和组织中获得营养物质的能力。根据营养方式，一般将寄生物分为活体营养生物和死体营养生物两类。活体营养生物是指在自然界中只能从寄主的活细胞和组织中获取养分的生物，相当于过去所提的专性寄生物（如植物病原真菌中的锈菌、白粉菌、霜霉菌等，以及寄生植物的病毒、线虫和种子植物）。死体营养生物是指在自然界可以从死的寄主组织或有机质中获取养分的生物，相当于过去所提的非专性寄生物（如大多数的植物病原真菌和细菌）。死体营养生物又分两种情况：一种像活体营养生物一样，侵染活的细胞和组织，寄主组织死亡后，能继续生长和繁殖。另一种是在侵入前先分泌酶或毒素杀死寄主组织，然后进入其中腐生。

寄生物对寄主具有一定的选择性，即寄生物有一定的寄主范围。一般活体营养生物的寄主范围较窄，死体营养生物的寄主范围较广，但也有例外。

寄生物对寄主作物的种或品种的寄生选择性，称寄生专化性。寄生专化性最强的表现是生理小种。生理小种是病原物种内形态相同，对寄主作物不同品种致病力不同的类型。

2. 致病性　病原物的致病性是指病原物破坏寄主而引起病害的能力。病原物对寄主植物的破坏性表现在它不仅夺取植物水分和养料，使植物生长不良，而且在其寄生过程中改变或破坏植物正常的新陈代谢，还产生各种酶、有毒物质、刺激素等破坏植物。

病原物的寄生性强弱和致病性强弱之间没有一定的相关性。通常寄生性强的，致病性弱；而寄生性弱的反而致病性强。例如，病毒都是活体营养生物，但有些并不引起严重的病害。而一些引起软腐病的病原物都是死体营养生物，如大白菜软腐病菌，寄生性较弱，但它们对寄主的破坏作用却很大。

（二）寄主植物的抗病性

抗病性是指寄主植物抵抗病原物侵染及减轻所造成损害的能力。在植物病害的形成和发展过程中，病原物要侵入、扩展，寄主则要作出反应，进行抵抗。病原物能否侵入，侵入后能否引起植物发病，一方面取决于病原物的致病性和环境条件，另一方面则取定于寄主植物的抗病性。

1. 植物对病原物侵染的反应　当病原物侵染时，不同的寄主植物可有不同的反应。这种反应可分为以下几种类型：

（1）免疫　植物对病原物具有极高的抵抗能力，完全不表现任何症状。

（2）抗病　植物受病原物侵染后发病较轻的称为抗病。根据抗病能力的差异，可进一步分为高抗和中抗等类型。

（3）感病　植物受病原物侵染后发病较重的称为感病。根据感病程度的差异，可进一步分为高感和中感等类型。

（4）耐病　植物受病原物侵染后能发生病害，但由于自身的补偿作用，对产量和质量影响较小。

2. 小种专化抗性和非小种专化抗性

(1) 小种专化抗性 寄主品种与病原物生理小种之间具有特异的相互作用，即寄主植物的某个品种能高度抵抗病原物的某个或某几个生理小种，但对其他多数小种则不能抵抗。这种抗性称为小种专化抗性(过去称为垂直抗性)，一般表现为免疫或高度抗病。这种抗病性往往是由个别主效基因和寡基因控制的，因而对生理小种是专化的，一旦遇到致病力不同的新小种时就会丧失抗病性而变成高度感病。这类抗病性容易选择，但一般不能持久。

(2) 非小种专化抗性 寄主品种与病原物生理小种之间没有特异的相互作用，即寄主植物的某个品种能抵抗病原物的多数或所有生理小种，这种抗性称为非小种专化抗性(过去称为水平抗性)。一般表现为中度抗病。这种抗病性通常是由多个微效基因控制的，一般不存在生理小种对寄主的专化性，因而较为稳定和持久，但在育种过程中不易选择。

植物的抗病性和植物的其他性状一样，既可以遗传，也可以在一定条件下发生变异。其变异的原因主要有寄主植物本身抗病性的变异、病原物致病力和生理小种的变异以及环境条件的影响 3 个方面。在生产实践中，一方面应加强培育具有水平抗性的品种，对小种专化抗性品种注意合理布局或轮换种植，以延缓和防止寄主抗病性的丧失；另一方面通过改进栽培管理技术，创造有利于植物生长发育的条件和生态环境，促进植物健壮生长，从而增强植物的抗病性，减轻病害的发生。

3. 植物抗病机制 植物的抗病机制与许多因素有关，主要有以下几方面：

(1) 避病 植物因不能接触病原物或接触机会较少而不发病或发病减轻的现象称为避病。有些植物是因其感病阶段与病原物的盛发期错开，避免了病原物的侵染，如小麦品种由于早熟或晚熟，抽穗扬花时避开了多雨天气，赤霉病发生就轻。还有些植物是由于形态或机能上的特点而避病。

(2) 形态结构上的抗病 植物表皮毛的多少和表皮蜡质层、角质层的厚薄，气孔、水孔的多少和大小都直接影响病原物的侵入。如柑橘溃疡病菌在甜橙类上发病重，柑类、橘类则抗病性强，是因为甜橙的气孔分布密、气孔中隙大，溃疡病菌易侵入，而柑类、橘类则相反。

(3) 生理上的抗病性 植物细胞的营养物质状况、酸度、渗透压及特殊抗生物质、有毒物质，如植物碱、单宁等含量越高，抗病性越强。

(三) 病原物的侵染过程

侵染过程是指从病原物与寄主植物感病部位接触开始，经侵入并在植物体内繁殖和扩展，直至寄主表现病害症状为止的过程，简称病程。一般将病程划分为侵入期、潜育期和发病期 3 个时期。

1. 侵入期 指从病原物开始侵入寄主到侵入后与寄主建立寄生关系为止的

时期。病原物侵入寄主植物通常有直接侵入(直接穿透植物的角质层或表皮层)、自然孔口(气孔、水孔、皮孔等)侵入和伤口(虫伤、冻伤、机械损伤)侵入3种途径。各类病原物的侵入途径是不相同的。病毒、菌原体只能从伤口侵入,而且是新鲜微伤;一般细菌和真菌可以从自然孔口和伤口侵入;寄生性强的真菌还能直接侵入;线虫一般以穿刺方式直接侵入;寄生性种子植物则是产生吸根直接侵入。环境条件中以湿度对病原物的侵入影响最大,一般在温暖、高湿下,有利于病原物的侵入。

2. 潜育期 指从病原物与寄主建立寄生关系到寄主表现症状为止的这段时期。各种病害潜育期长短不同,这与病原物特性、寄主的抵抗力和环境条件有密切的关系。环境条件中以温度影响最大,在适宜的发病条件下,温度越高,潜育期越短,发病流行越快。

3. 发病期 发病期是从症状出现后,病害进一步发展的时期。在这时期,寄主作物表现各种病状和病征。病征的出现一般就是再侵染病原的出现,如果病征产生得稠密,标志着大量病原物存在,病害就有大发生的可能。适宜的温度和较高的湿度条件,有利于病斑的扩大和病原物繁殖体的形成。

(四) 病害的侵染循环

侵染循环是指侵染性病害从植物的前一个生长季节开始发病到下一个生长季节再度发病的过程。侵染循环主要包括以下3个环节(图1-40):

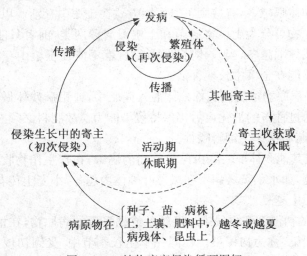

图1-40 植物病害侵染循环图解

1. 病原物的越冬和越夏 病原物的越冬和越夏是指病原物以一定的方式在特定的场所度过寄主植物的休眠期而存活下来的过程。病原物休眠在冬季称为越冬;休眠在夏季称为越夏。病原物越冬和越夏的方式有寄生、腐生和休眠3种。病原物越冬和越夏的场所一般就是下一个生长季节植物病害的初侵染来源。在越冬、越夏期间,病原物多数不活动,且比较集中,是病害侵染循环中的薄弱环节,比较容易消灭。因此，了解病原物的越冬或越夏场所，采取相应的有效防治措施，就能收到良好的防治效果。

越冬、越夏场所因病原物种类而有不同，有的病原物只有一个场所，有些则有多个场所。归纳起来病原物越冬、越夏的场所有以下几种：

（1）种子、苗木和其他无性繁殖材料　在种子、苗木、接穗及块根、块茎等繁殖材料上越冬、越夏的病原物，有的是以休眠体混杂于种子中，有些则以休眠孢子附着于种子表面，还有的是潜伏在种苗及其他繁殖材料内部。

（2）田间病株　有些活体营养病原物必须在活的寄主上寄生才能存活。如小麦锈菌的越夏、越冬都要寄生在田间生长的小麦上，在我国，小麦秆锈菌一般是在北方小麦上越夏后传到南方，在南方小麦上越冬后再传到北方。有些病毒，当栽培寄主收割后，就转移到其他栽培的或野生的寄主上越夏或越冬，如油菜花叶病毒可以在野生植物焊菜上越夏。

（3）病株残体　许多病原真菌和细菌都能在病株残体中潜伏存活或以腐生方式生活一定的时期。残体中病原物存活时间的长短，主要取决于残体分解腐烂速度的快慢。

（4）土壤　病株残体和在病株上产生的病原物都很容易落在土壤里。因此，土壤也是多种病原物越冬、越夏的场所。有些病原物产生各种休眠体如厚垣把子、菌核等在土壤中休眠越冬，有些则可以腐生方式在土壤中存活。以土壤作为越冬、越夏场所的病原物可分为土壤寄居菌和土壤习居菌两类，前者只能在土壤中的病株残体上腐生或休眠越冬，当残体分解腐烂后，就不能在土壤中存活；后者在病残体分解腐烂后仍能在土壤中长期存活。

（5）粪肥　病原物可随同病株残体混入粪肥中，或用病残体做饲料，不少病原物的休眠孢子通过牲畜的消化道后仍保持侵染能力。故肥料必须充分腐熟后才能使用，避免用带菌病株作生饲料喂牲畜。

（6）昆虫或其他介体　一些由昆虫传播的病毒，在寄主作物收割后，可在昆虫体内越冬或越夏，如水稻黄矮病毒在黑尾叶蝉体内越冬，小麦土传花叶病毒在禾谷多黏菌休眠孢子中越夏。

2. 病原物的初侵染和再侵染　经越冬或越夏后的病原物，在植物生长季节中引起的第一次侵染，称为初侵染。在同一个生长季节中，受到初侵染的植株，在适宜条件下病部产生的病原物繁殖体，经过传播又重复侵染更多寄主，称为再侵染。只有初侵染而无再侵染的病害，如小麦黑穗病等，只要消灭初侵染来源，一般就能得到防治。大多数病害，除初侵染外，还有多次再侵染，如稻瘟病、各种炭疽病等，对这类病害的防治则既要采取措施减少和消灭初侵染来源，还要防止其再侵染。

3. 病原物的传播　病原物从越冬或越夏的场所到达寄主感病部位引起初侵染，或者从已经形成的发病中心向四周扩散，进行再侵染，都必须经过传播才能实现。传播是侵染循环中各个环节间相互联系的纽带。切断传播途径,就能打断侵染循环,达到防治病害的目的。

病原物传播的方式和途径是不一样的。有些病原物靠自身的活动主动向外传播,如线虫在土壤和寄主上爬行;部分真菌的游动孢子和多数病原细菌,能借鞭毛在水中游动进行传播;有些真菌孢子可以自行向空中弹射等。这种主动传播的方式并不普遍,传播的距离和范围也是极有限的。

绝大多数病原物都是依靠外界的动力如气流、雨水、昆虫及人为因素等被动传播的。许多真菌能产生大量孢子,孢子小而轻,易被气流散布到空气中,所以气流传播是大多数病原真菌的主要传播方式。雨水传播包括降雨、地表径流和灌溉等雨滴冲溅或风雨交加传播等,是多数病原细菌、部分病原真菌及病原线虫的传播方式。昆虫传播与病毒和菌原体病害的关系最大,一些细菌病害和真菌病害也可由昆虫传播。此外,线虫、真菌、菟丝子及其他生物介体也可传播病原物。人为传播包括携带和调运带有病原物的种苗及其他农产品,可使病原物做远距离传播;从事施肥、灌溉、移栽、修剪、整枝等农事活动,可引起病原物的近距离传播,造成病区扩大。

任何植物的侵染性病害都有病原物的越冬、越夏,初侵染、再侵染和传播等问题,这是病害发生发展的一般规律。但不同的病害,其侵染循环的特点不同,即使同一种病害在不同地区或不同条件下也有所不同。了解病害侵染循环的特点是认识病害发生发展规律的核心,也是对病害进行预测预报及制定防治对策的依据。

(五) 病害的流行

植物病害在一个时期或在一个地区内,病害发生面积广、发病程度严重,引起的损失大,这种现象称为病害流行。经常流行的病害,称为流行性病害,如小麦锈病、稻瘟病等。

植物病害流行必须具备以下 3 个基本条件:

1. 大面积集中栽培的感病寄主植物　种植感病品种是病害流行的先决条件。感病寄主植物的数量和分布是病害是否流行和流行程度轻重的基本因素。感病寄主群体越大,分布越广,病害流行的范围越大,危害越重。尤其是大面积种植同一感病品种,即品种单一化,会构成病害流行的潜在威胁,易引起病害的流行。

2. 大量致病力强的病原物　对没有再侵染或再侵染次数少的病害,病害初侵染源的多少,即病原物越冬或越夏的数量,对病害的流行起着决定性的作用;而对于有多次再侵染的病害,病害的流行程度不仅决定于越冬或越夏的病原物数量,还决定于病原物的繁殖速度和再侵染的次数。如果病害的潜育期短,再侵染的次数多,就能迅速地积累大量的病原,引起病害的广泛传播和流行。

3. 适宜的环境条件　在前两个因素具备的前提下,病害能否流行,在很大程度上取决于环境条件是否适宜病害的流行。环境条件主要是气候条件、栽培条件和土壤条件,其中以气候条件最为重要,它包括温度、湿度、光照等。湿度又比温度的影响更大,大多数病原物在适宜湿度条件下,才能繁殖、传播和侵入,往往雨水多的年份,常引起许多病害的流行。

在侵染性病害流行的 3 个基本条件中,任何一个条件不具备都不会引起病害的流行。但是,各种病害的性质不同,此 3 个因素在病害流行中并不同等重要,每种病害都有它决定性的因素,称为流行的主导因素。即使同一种病害,处于不同时间、不同地点也可能会有不同的主导因素。如稻瘟病在常年发病区,菌源多,病菌生理小种没有改变,品种也没有更换,这时环境条件,特别是抽穗期前后的低温阴雨天气,就成为穗颈瘟流行的主导因素;而在相同的栽培条件下,大面积更换了品种,则所换品种的抗病性强弱便成为病害是否流行的主导因素;同样,在相似的品种和气候条件下,致病力强的生理小种的产生,便成为病害流行的主导因素。所以,对病害的流行及其消长变化要进行具体分析,找出决定性因素,这样才能准确地进行预测预报,并及时开展防治。

◄◄◄ 复习题 ►►►

一、单项选择(将正确答案填入题内的括号中)

1. 植物检疫法规是开展植物检疫工作的法律依据,它带有( )。
   A. 约束性   B. 示范性
   C. 强制性   D. 执行性

2. 《农药管理条例》是( )发布的。
   A. 全国人大常委会   B. 国务院
   C. 农业部   D. 省人大常会

3. 《浙江省农作物病虫害防治条例》自 2011 年( )起施行。
   A. 1 月 1 日   B. 5 月 1 日
   C. 7 月 1 日   D. 10 月 1 日

4. 凡是( )发生的,危害性大的,能随植物及其产品传播的病、虫、杂草应定为植物检疫对象。
   A. 多数地区   B. 少数地区
   C. 局部地区   D. 个别地区

5. 农药登记包括田间试验阶段、( )、正式登记三个阶段。
   A. 试验示范阶段   B. 临时登记
   C. 推广阶段   D. 研制阶段

6. 昆虫头部是( )的中心。
   A. 感觉和取食   B. 运动
   C. 新陈代谢   D. 生殖

7. 昆虫自卵或幼体离开母体,到( )性成熟能产生后代为止的个体发育周期,称为一个世代。

    A. 蛹   B. 成虫

    C. 若虫   D. 老龄幼虫

8. 一般来说,温度主要影响昆虫的( )。

    A. 发育速度   B. 成活率

    C. 呼吸   D. 排泄

9. 二化螟的繁殖方式为( )。

    A. 两性生殖   B. 孤雌生殖

    C. 卵胎生   D. 多胚生殖

10. 植食性的昆虫能取食多种不同科的植物称为( )。

    A. 单食性   B. 寡食性

    C. 多食性   D. 杂食性

11. 褐飞虱为( )害虫。

    A. 多食性   B. 单食性

    C. 杂食性   D. 寡食性

12. 下列生物因素中( )不是天敌昆虫。

    A. 草蛉   B. 寄生蝇

    C. 食蚜蝇   D. 潜叶蝇

13. 按食物性质划分,寄生蜂属( )。

    A. 植食性   B. 肉食性

    C. 杂食性   D. 腐食性

14. 真菌经过两性细胞或性器官结合而产生有性孢子的繁殖方式称为( )。

    A. 有性繁殖   B. 无性繁殖

    C. 增殖或复制   D. 分裂繁殖

15. 寄生性种子植物,根据对寄主的依赖程度不同,分为半寄生和( )两类。

    A. 专性寄生   B. 非专性寄生

    C. 全寄生   D. 死体寄生

16. 病害流行,是指病害在一个时期或一个地区内,病害发生面积广、( )、损失大的现象。

    A. 传播快   B. 发病程度严重

    C. 难防治   D. 人为传播

17. 植物病害流行,必须具备有大面积感病寄主,大量致病力强的病原物,( )3个基本条件。

    A. 少量感病寄主   B. 发病程度严重

C. 适宜的环境条件　　　　　　　D. 损失严重

18. 成虫体翅密被鳞片，口器虹吸式，全变态，幼虫多足式，蛹为被蛹，是（　　）的昆虫。

A. 半翅目　　　　　　　　　　　B. 同翅目

C. 膜翅目　　　　　　　　　　　D. 鳞翅目

19. 黄板诱杀害虫，是利用了蚜虫、白粉虱对黄色的（　　）。

A. 喜食性　　　　　　　　　　　B. 群集性

C. 趋性　　　　　　　　　　　　D. 忌避性

20. 防治地下害虫的一项主要措施是（　　）。

A. 药剂拌种　　　　　　　　　　B. 田间喷药

C. 植物检疫　　　　　　　　　　D. 物理防治

21. 常用（　　）来防治刺吸式口器害虫。

A. 胃毒杀虫剂　　　　　　　　　B. 内吸杀虫剂

C. 保护剂　　　　　　　　　　　D. 治疗剂

22. 蛾、蝶幼虫的口器属于（　　）。

A. 咀嚼式口器　　　　　　　　　B. 刺吸式口器

C. 虹吸式口器　　　　　　　　　D. 头式口器

23. 稻瘟病、稻纹枯病的病原物是（　　）。

A. 真菌　　　　　　　　　　　　B. 细菌

C. 病毒　　　　　　　　　　　　D. 线虫

24. 水稻白叶枯病的病原物是（　　）。

A. 真菌　　　　　　　　　　　　B. 细菌

C. 病毒　　　　　　　　　　　　D. 线虫

25. （　　）是最高等的一类真菌。

A. 担子菌　　　　　　　　　　　B. 鞭毛菌

C. 未知菌　　　　　　　　　　　D. 接合菌

26. 寄生性种子植物，根据对寄主的依赖程度不同，分为半寄生和（　　）两类。

A. 专性寄生　　　　　　　　　　B. 非专性寄生

C. 全寄生　　　　　　　　　　　D. 死体寄生

27. 小麦赤霉病发生最为普遍和严重的是（　　）。

A. 苗腐　　　　　　　　　　　　B. 基腐

C. 秆腐　　　　　　　　　　　　D. 穗腐

28. 杂草与作物争夺空间，影响作物（　　）与光合作用。

A. 通风透光　　　　　　　　　　B. 开花

C. 结果　　　　　　　　　　　　D. 呼吸

29. 植物对病原物具有极高的抵抗能力,完全不表现任何症状叫（　　）。

    A. 抗病　　　　　　　　　　B. 感病

    C. 耐病　　　　　　　　　　D. 免疫

30. 真菌经过两性细胞或性器官结合而产生有性孢子的繁殖方式为（　　）。

    A. 有性繁殖　　　　　　　　B. 无性繁殖

    C. 增殖或复制　　　　　　　D. 分裂繁殖

二、判断题（正确的填"√"，错误的填"×"）

1. （　　）种子种类、品种、产地与标签标注的内容不符的为劣种子。

2. （　　）因变质不能作种子使用的为劣种子。

3. （　　）农药临时登记证有效期为一年，可以续展，累积有效期可以超过四年。

4. （　　）自 2008 年 7 月 1 日起，生产的农药产品一律不得使用商品名称。

5. （　　）未经登记的农药产品不得生产、销售和使用。

6. （　　）植物检疫人员在执行检疫任务时，只需穿着检疫制服即可。

7. （　　）除植保机构外，任何单位和个人不得向社会发布农作物病虫害预报预警信息或者防治意见。

8. （　　）昆虫最主要的共同特征是其成虫的体躯明显地分为头、胸、腹三段，胸部一般有两对翅，三对足。

9. （　　）昆虫幼虫生长到一定阶段，需要脱去旧表皮，虫体才会继续生长，这种现象称为孵化。

10. （　　）鞘翅目是昆虫纲中第二大目。

11. （　　）胚胎发育是指个体从卵中出来到转变为成虫的发育过程。

12. （　　）白背稻虱、褐稻虱为迁飞性昆虫。

13. （　　）蝗虫、斜纹夜蛾、菜青虫、卷叶蛾都是食叶害虫。

14. （　　）螨类不是昆虫。

15. （　　）黄板诱杀害虫，是利用了蚜虫、白粉虱对黄色的趋性。

16. （　　）侵染性病害是由病原生物侵染所引起的。

17. （　　）凡植物表现萎蔫都是由于土壤缺水造成的。

18. （　　）昆虫是病毒病最为主要的传毒介体，其中尤以刺吸式口器昆虫最为重要。

19. （　　）植物病毒病一般不表现腐烂。

20. （　　）往往雨水多的年份，常引起许多植物病害的流行。

第二章 预测预报

第一节 大田作物病虫识别

一、学习目标

掌握病虫识别技术。要求能识别当地农作物主要病、虫。

二、识别方法

通过田间观察当地农作物主要病害的症状、害虫的形态特征和为害状进行识别。

（一）稻瘟病

稻瘟病是水稻三大重要病害之一。水稻整个生育期都能发生稻瘟病,按发生时期及部位不同,可分为苗瘟、叶瘟、叶枕瘟、节瘟、穗颈瘟和谷粒瘟等(图2-1,图2-2)。

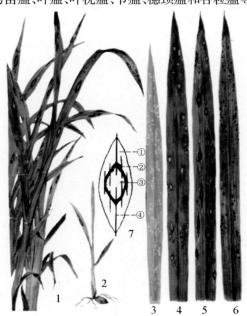

图 2-1　稻瘟病（一）

1. 叶瘟病丛,苗瘟;2. 苗叶瘟,叶瘟;3. 白点型;4. 急性型;5. 慢性型;6. 褐点型;7. 病斑分析:
① 中毒部(黄色),② 坏死部(红褐色),③ 崩溃部(灰白色),④ 坏死线(褐色)

图 2-2　稻瘟病(二)
1. 急性型叶瘟；2. 慢性型叶瘟；3. 穗颈瘟；4. 枝梗瘟；5. 谷粒瘟；
6. 护颖瘟；7、8. 节瘟；9. 叶瘟病斑上病原着生情况(示意)

1. **苗瘟**　一般在三叶期前发生，多数是因稻谷未经消毒，由病谷上所带病菌引起的。一般不形成明显的病斑，病苗上在靠近土面的茎基部变黄褐色或灰神色，幼苗上部变褐色枯死。

2. **叶瘟**　发生在三叶期以后的秧苗和成株期的叶片上。病斑随品种和气候条件的不同，可分为 4 种类型：

(1) **慢性型**　这类病斑最为常见，病斑呈梭形或纺锤形，边缘褐色，中央灰白色，两端有沿叶脉伸入健部组织的褐色坏死线。天气潮湿时，病斑背面有灰绿色霉状物。

(2) **急性型**　病斑暗绿色，水渍状，椭圆形或不规则形。病斑正反两面密生灰绿色霉物。此病斑多在嫩叶或感病品种上发生，它的出现，表明稻株生长状况和气候条件均有利于发病，是病害流行的预兆。若天气转晴或经药剂防治后，可转变为慢性型病斑。

(3) **白点型**　田间很少发生。病斑白色或灰白色，圆形，较小。多发生在感病品种的嫩叶上，病菌侵入后恰遇天气干燥、强光照射时出现。如气候适宜，可迅速转为急性型。

(4) **褐点型**　为褐色小斑点，局限于叶脉之间。常发生在抗病品种和老叶上，不产生孢子，没有传病的危险。

3. **叶枕瘟**　叶耳、叶舌上易感病，后渐向整个叶枕以及叶鞘、叶片基部扩展，形成淡褐色至灰褐色的不规则形大斑，可导致叶片早期枯死。并由于稻穗紧贴剑叶叶枕而抽出，也常引起穗颈瘟。潮湿时其上长灰绿色霉物。

4. 节瘟　病节凹陷缢缩，变黑褐色，易折断。潮湿时其上长灰绿色霉物，常发生于穗颈下第一、二节。

5. 穗颈瘟和枝梗瘟　发生在穗颈、穗轴和枝梗上。初期出现小的淡褐色病斑，逐渐围绕穗颈、穗轴和枝梗及向上下扩展，最后变黑折断。早期侵害穗颈节常造成"全白穗"，侵害穗轴的形成"半白穗"，局部枝梗被害的形成"阴阳穗"；发病迟或受害轻时，秕谷增加、千粒重下降、米质差。

6. 谷粒瘟　发生在谷壳和护颖上。

（二）水稻纹枯病

水稻纹枯病是水稻上发生最为普遍的一种病害，为害性也大。稻株受害后，秕谷率增加，千粒重降低，一般减产一成左右，严重的可高达五成以上。水稻苗期至穗期都可受害，抽穗前后受害最重。主要为害叶鞘和叶片，严重时可侵入茎秆并蔓延至穗部。

叶鞘受害，初在近水面处出现暗绿色水渍状小斑，后扩大成椭圆形并相互联合成云纹状大斑。病斑边缘暗褐色，中央灰绿色，引起上面的叶片发黄枯死，严重时可蔓延至穗部。

叶片上病斑与叶鞘上基本相似，但形状较不规则，病情严重时病部呈浅绿色，似被开水烫过，叶片很快青枯或腐烂；病情扩展缓慢时，病斑中央灰褐色，边缘深褐色，外围组织褪黄。

茎秆受害，初生灰绿色斑块，后绕茎扩展，可使茎秆一小段组织呈黄褐色坏死，严重的引起稻株折倒。

稻穗受害，初呈污绿色，后变灰褐色。破口前剑叶叶鞘严重受害时，往往不能正常抽穗，造成"胎里死"；或者稻穗抽出后就呈一段变灰褐色的颖壳。

湿度大时，病部可见许多白色菌丝，匍匐于病组织表面或攀缘于邻近的稻株之间。随后菌丝集结成白色绒球状菌丝团，最后形成暗褐色像萝卜菜籽样的菌核。在高湿条件下，病斑表面及其附近还可产生一层白色粉状物，此为病菌的担子和担孢子构成的子实体（图2-3）。

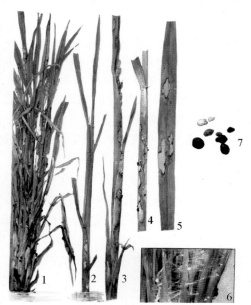

图2-3　稻纹枯病
1. 病丛；2. 病株前期；3. 病株后期；4. 病株表面附生菌核及白色粉状子实层；5. 病叶；6. 稻丛基部蛛丝状菌丝及结生菌核状；7. 病原菌菌核

（三）稻白叶枯病

白叶枯病是水稻重要病害之一。一般在沿海、沿湖、沿江、丘陵和低洼易涝地区发生较为频繁。籼稻重于粳、糯稻，晚稻重于早稻。水稻发病后，一般引起叶片干枯、结实率下降、米质松脆、千粒重降低。

　　主要为害叶片。其症状因水稻品种、发病时期及侵染部位不同而异，一般可分为5种类型。

　　1. 叶缘型　最常见的典型病斑。先在叶尖或叶缘产生黄绿或暗绿色水渍状小斑点，然后沿叶缘上下扩展，形成黄褐色或枯白色长条斑。病斑可达叶片基部。在发展过程中，病、健交界线明显，粳稻常呈波纹状，籼稻常呈直线状。

　　2. 急性型　也是常见的病斑类型。常在感病品种、高肥水平或温湿度极有利于病害发展的情况下发生。病叶青灰或暗绿色，迅速失水，卷曲，呈青枯状。一般仅限于上部叶片，不蔓延全株。此类症状出现，表示病害正在急剧发展。

　　3. 凋萎型　又称枯心型。一般不常见，多在秧田后期至拔节期发生，心叶与心叶下一叶失水青枯，渐变枯黄凋萎，形成枯心状，很像虫害造成的枯心苗，但其茎部无虫伤孔，折断病株的茎基部并用手挤压，可见到大量黄色菌脓溢出。

　　4. 中脉型　从叶片中脉开始发病，中脉初呈淡黄色条斑，后沿中脉呈枯黄色条斑，纵折枯死；或半边枯死半边正常。该症状多在孕穗期发生。

　　5. 黄化型　新叶均匀褪绿，呈黄色或黄绿色条斑，无菌脓，仅节间存在大量细菌。这种症状目前国内仅在广东发现。

　　以上除黄化型外，各类症状的病叶在潮湿时均有黄色菌脓溢出，菌脓混浊有黏性，干后呈鱼籽状黏附病叶上（图2-4）。

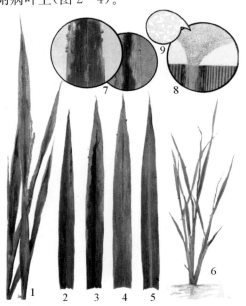

图 2-4　稻白叶枯病
1. 病株；2. 病叶初期；3. 粳稻病叶；4. 籼稻病叶；5. 中脉型；
6. 枯心形；7. 细菌溢脓；8. 病部细菌溢出状；9. 病原细菌

白叶枯病的叶缘型症状有时易与水稻生理性枯黄相混淆,而凋萎型症状在有些地区又常与细菌性基腐病的枯心和细菌性褐条病的心腐型发生混淆。这里仅叙述与生理性枯黄的区别。鉴别方法:切取病组织一小块,放在载玻片上的清水滴中,加载玻片夹紧1分钟,用肉眼透光观察;或盖上盖玻片,在低倍显微镜下观察,如见混浊的烟雾状物从叶脉溢出,为白叶枯病,生理性枯黄无此现象。或取病叶剪去两端,将下端插于洗干净的湿沙中,保湿6~12小时,如果叶片上部剪断面有黄色菌脓溢出,则为白叶枯病,生理性枯黄只有清亮小水珠溢出。

(四) 稻螟虫

水稻螟虫包括大螟、二化螟和三化螟,统称钻心虫。浙江省发生为害的主要是二化螟,以早稻受害最重,除为害水稻外,还为害茭白、玉米、甘蔗等。以幼虫钻蛀水稻茎秆为害,造成枯心和白穗等为害状,对水稻产量影响较大。

二化螟形态特征:

1. 成虫 体长约10~15毫米。淡灰色,前翅近长方形,中央无黑点,外缘具有7个小黑点,排成1列。雌蛾腹部纺锤形,雄蛾腹部细圆筒形。

2. 卵 卵扁平椭圆形,作鱼鳞状单层排列。卵块长椭圆形,表面有胶质。初产时乳白色,后渐变为茶褐色,近孵化时为黑色。

3. 幼虫 体淡褐色,背面有5条紫褐色纵纹,成熟时体长20~30毫米。

4. 蛹 圆筒形,黄褐色,长11~17毫米,腹背5条紫色纵纹,隐约可见。左右翅芽不相接,后足不伸出翅芽端部(图2-5)。

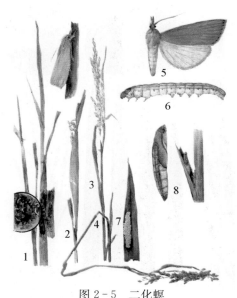

图2-5 二化螟
1. 枯鞘及枯心;2. 枯孕穗;3. 白穗;4. 虫伤株;
5. 成虫;6. 幼虫;7. 卵块;8. 蛹

(五) 稻飞虱

稻飞虱在浙江省发生普遍的有褐飞虱、白背飞虱和灰飞虱,均属同翅目、飞虱科。其中褐飞虱、白背飞虱是迁飞性害虫。

褐飞虱为单食性害虫,喜温暖潮湿气候,属偏南方种类,在长江流域各省常暴发成灾。白背飞虱对温度的适应比褐飞虱宽,因此分布更广,属广跨偏南方种类。灰飞虱食性复杂,耐寒力较强,属温带种,分布很广,几乎遍布全国,尤以江、浙及长江中游稻区较多。

稻飞虱以成、若虫群集在稻丛基部为害,刺吸叶鞘和茎秆汁液,卵产在叶鞘组织内使叶鞘出现褐色纵纹。由于成、若虫的频繁刺吸和产卵,影响了水稻的生长、抽穗和结实,严重时造成水稻茎基部变黑腐烂,全株倒伏枯死,在田间形成枯死窝,俗称"透顶"或"冒穿",导致严重减产或失收。白背和灰飞虱都能传播病毒病,尤其是灰飞虱不但直接为害水稻,而且是传播稻、麦、玉米等作物病毒病的媒介。

稻飞虱雌雄成虫有长翅型和短翅型之分,其主要形态特征见表 2-1 和图 2-6、图 2-7。

表 2-1　3 种稻飞虱的形态特征

虫态		特征	褐飞虱	白背飞虱	灰飞虱
成虫		体长(毫米)	雄虫:4.0 雌虫:4.5～5.0 短翅雌虫:3.8	雄虫:3.8 雌虫:4.5 短翅雌虫:3.5	雄虫:3.5 雌虫:4.0 短翅雌虫:2.6
		体色	褐色、茶褐色或黑褐色	雄虫灰黑色,雌虫和短翅雌虫灰黄色	雄虫灰黑色,雌虫黄褐或黄色,短翅雌虫淡黄色
		主要特征	头顶较宽,褐色,小盾片褐色,有 3 条隆起线,翅浅褐色	头顶突出,小盾片两侧黑色,雄虫小盾片中间淡黄色,翅末端茶色;雌虫小盾片中间姜黄色	雄虫小盾片黑色,雌虫小盾片淡黄色或土黄色,两侧有半月形的褐色或黑褐色斑
卵		卵形	香蕉形	尖辣椒形	茄子形
		卵块主要特征	10～20 粒呈行排列,前部单行,后部挤成双行,卵帽稍露出	5～10 粒,前后呈单行排列,卵帽不露出	2～5 粒,前部单行,后部挤成双行,卵帽稍露出
若虫	1～2 龄	体色	灰褐色	1 龄浅蓝色 2 龄灰白色	乳黄、橙黄色
		主要特征	腹面有 1 明显的乳白色"T"字形纹,2 龄时腹背 3、4 节两侧各有 1 对乳白色斑纹	腹部各节分界明显,2 龄若虫体背现不规则的云斑纹	胸部中间有 1 条浅色的纵带

（续表）

虫态		特征	褐飞虱	白背飞虱	灰飞虱
若虫	3～5龄	体色	黄褐色	石灰色	乳白、淡黄等色
		主要特征	腹背3、4节白色斑纹扩大,5～7节各有几个"山"字形浓色斑纹,翅芽明显	胸、腹部背面有云纹状的斑纹,腹末较尖,翅芽明显	胸部中间的纵带变成乳黄色,两侧显褐色花纹,第3、4腹节背面有"八"字形淡色纹,腹末较钝圆,翅芽明显

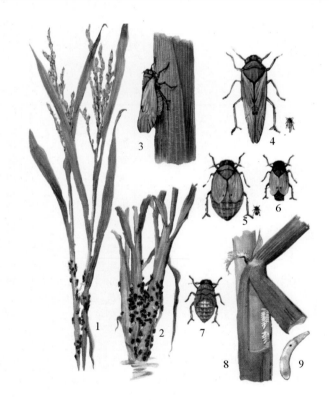

图2-6　褐稻虱
1. 受害稻株;2. 稻丛基部群集为害状;3. 停在叶鞘上的成虫;4. 长翅型成虫;
5. 短翅型雌成虫;6. 短翅型雄成虫;7. 若虫;8. 产于叶鞘组织内的卵块;9. 卵粒

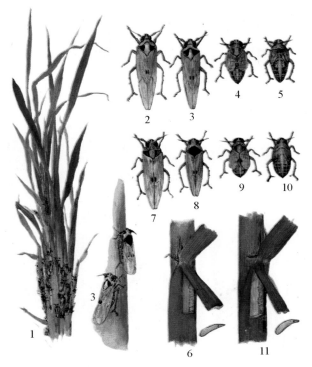

图 2-7 白背稻虱和灰稻虱
1. 水稻被害状,白背稻虱;2. 长翅型雌成虫;3. 长翅型雄成虫;
4. 短翅型成虫;5. 若虫;6. 卵块及卵,灰稻虱;7. 长翅型雌成虫;
8. 长翅型雄成虫;9. 短翅型成虫;10. 若虫;11. 卵块及卵

(六) 稻纵卷叶螟

稻纵卷叶螟俗称刮青虫、卷叶虫等。属鳞翅目、螟蛾科。浙江省普遍发生。它是多食性害虫,除为害水稻外,还为害甘蔗、茭白等作物,以及稗草、李氏禾、双穗雀稗、马唐等杂草。为迁飞性害虫。

稻纵卷叶螟以幼虫为害水稻。初孵幼虫取食心叶,出现白色小点,也有先在叶鞘内为害的。随着虫龄的增大,吐丝缀两边叶缘,做成纵卷稻叶的圆筒形虫苞,幼虫藏身苞内啃食上表皮和叶肉,仅留下表皮形成白色条斑。大发生时,田间虫苞累累,白叶满田,影响光合作用,影响水稻生长发育和产量。

1. 成虫 黄褐色,体长 7~9 毫米,翅展 16~18 毫米。前翅近三角形,由前缘至后缘有 2 条褐纹,中间还有 1 条短褐纹,前后翅的外缘均有暗褐色宽边。雄蛾体色较深,在前翅前缘中央有 1 丛暗褐色毛。

2. 卵 扁平,椭圆形。初产时白色,后变淡黄色,将孵化时可见黑点。

3. 幼虫 成熟幼虫体长 14~19 毫米,头褐色,胸腹部淡黄色,老熟时橘黄色。

前胸背板有 1 对黑褐色斑，中、后胸背面各有 8 个毛片分成两排，前排 6 个，后排 2 个。

4. 蛹　体长 7～10 毫米，圆筒形，初为黄色，后转为褐色，末端较尖削，有尾刺 8 根。茧白色，很薄（图 2-8）。

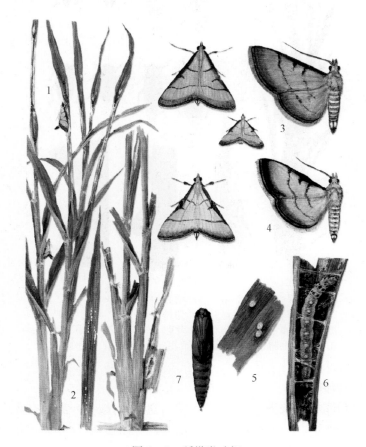

图 2-8　稻纵卷叶螟
1. 为害状；2. 初孵幼虫为害状；3. 雌蛾；4. 雄蛾；5. 卵；6. 幼虫；7. 蛹

（七）稻曲病

稻曲病又名青粉病、谷花病，俗称"丰产果"。该病只发生于水稻穗部，为害部分谷粒。受害谷粒内形成菌丝块，从内外颖合缝处露出淡黄色块状的孢子座。随后孢子座逐渐增大，包裹整个颖壳，近球形，常大于谷粒数倍；颜色由橙黄转为绿色，最后呈墨绿色；表面初期平滑，后龟裂，散布墨绿色粉末状的厚垣孢子（图 2-9）。

图 2-9 稻曲病

稻曲病不仅对稻米的产量、品质有影响,而且产生的稻曲病菌毒素对人、牲畜都有毒性。

(八) 稻条纹叶枯病

水稻条纹叶枯病 2004 年突然在浙江省湖州市的部分稻区严重发生,以后在嘉兴、绍兴、宁波和杭州等市的局部稻区也相继出现重病田,近几年在浙江省杭嘉湖、宁绍稻区单季晚粳稻上发生普遍,有逐年加重趋势。

1. 苗期发病 心叶基部出现褪绿黄白斑,后扩展成与叶脉平行的黄色条纹,条纹间仍保持绿色。不同品种表现不一,糯、粳和高秆籼稻心叶黄白、柔软、卷曲下垂、成枯心状。矮秆籼稻不呈枯心状,出现黄绿相间条纹,分蘖减少,病株提早枯死。

2. 分蘖期发病 先在心叶下一叶基部出现褪绿黄斑,后扩展形成不规则黄白色条斑,老叶不显病。籼稻品种不枯心,糯稻品种半数表现枯心。病株常枯孕穗或穗小畸形不实。

3. 拔节后发病 在剑叶下部出现黄绿色条纹,各类型稻均不枯心,但抽穗畸形,结实很少(图 2-10)。

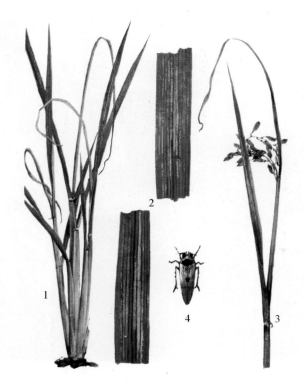

图 2－10　稻条纹叶枯病
1. 分蘖期病株；2. 病叶斑驳；3. 抽穗期病株；4. 灰稻虱

(九) 油菜菌核病

油菜菌核病是油菜的重要病害。苗期和成株期都能感病,以开花期后发病最盛,茎、叶、花、角果均可受害,茎部受害最重。

茎秆发病,先产生淡褐色水渍状病斑,后变灰白色,湿度大时病部软腐,表面有白色絮状的霉层,为病菌的菌丝体。病茎皮层霉烂,内部空心,干燥后表皮破裂,纤维外露像麻丝,风吹易折断。剖开病茎,内有黑色鼠粪状的菌核,有时病茎表面也能形成菌核。严重时,病部以上的茎枝均萎蔫枯死。

叶片受害,病斑呈圆形,水渍状,后变青褐色或黄褐色,有时具有轮纹。高湿时病叶迅速腐烂,叶上也可见白色霉层;干燥时病斑破裂穿孔。受害叶片,多为植株下面的衰老、黄花叶。

花瓣受害,颜色苍白,没有光泽,容易落花。

角果被害,初为水渍状褐斑,以后变为灰白色,种子瘦瘪,角果内常有菜籽大小的黑色菌核(图 2－11)。

图 2-11 油菜菌核病
1. 病叶;2. 病茎;3. 病茎剖面(内为菌核)

(十) 油菜霜霉病

该病主要为害叶、茎和角果。三种油菜类型中,白菜型油菜发病最重,芥菜型油菜次之,甘蓝型油菜最轻,甘蓝型油菜一般只危害叶片。初期在叶片正面出现淡绿色小斑点,逐渐扩大,因受叶脉限制变成多角形或不规则形。同时,颜色由黄绿变黄色,在天气潮湿时,在相应的背面上长出白色霜霉层,即病原菌的孢囊梗和孢子囊。其后病斑变为褐色。严重受害的病叶,整片变黄,甚至干枯早落。一般先从下部叶片发生,再向上蔓延。茎和花序发病后肿大弯曲呈"龙头"状畸形,满生霜霉层。花瓣变绿,长期不凋谢,也不结实,严重时全株变褐色枯死(图 2-12)。

图 2-12 油菜霜霉病叶(左:背面,右:正面)

（十一）棉花枯萎病和黄萎病

棉花枯、黄萎病是棉花的重要病害，枯萎病在我国的东北、西北、黄河流域和长江流域的 20 多个省、市几乎都有发生为害，以山东、河南、陕西、四川、江苏、云南、山西等省受害较重。黄萎病在我国主要种植棉区均有发生，北方棉区重于长江流域棉区。

此两种病害危害性大，顽固性强，具有毁灭性，一旦发生，很难根治。目前我国多数棉区为枯萎病和黄萎病混发区，两病常在同一棉田或同一棉株上混生，形成并发症。枯萎病重病株于苗期或蕾铃期枯死，轻病株发育迟缓，结铃少，吐絮不畅，纤维品质和产量均下降。黄萎病虽很少使棉苗枯死，但病株叶片枯黄脱落，结铃少，落铃率高，使产量降低，品质变劣。尤其是强毒菌株侵染造成的落叶型症状，叶、蕾、甚至小铃在几天内可全部落光，为害十分严重。

1. **枯萎病**　在子叶期间即可发病，至现蕾期达到发病高峰。夏季气温较高时，病势暂停；到秋季多雨时，再度出现发病高峰。其症状因品种和环境条件的不同可出现多种类型，苗期主要有以下 4 种类型：

黄色网纹型：病苗子叶或真叶的叶脉局部或全部失绿变黄，叶肉仍保持一定的绿色，使叶片呈黄色网纹状，最后干枯脱落。

紫红型：子叶或真叶变成紫红色，逐渐萎蔫死亡。

黄化型：子叶或真叶变黄，逐渐变褐枯死或脱落。

青枯型：叶片不变色而萎蔫下垂，全株青枯死亡或半边萎垂。

现蕾前后，除上述症状外，还有矮缩型病株出现，即病株矮化，节间缩短，叶色浓绿，叶片加厚，且向上卷，下部个别叶片的局部或全部叶脉变黄呈黄色网纹状。重病株叶片萎蔫脱落，干枯死亡。有的病株半边枯死。若雨后骤晴，有的病株会突然失水萎蔫（图 2 - 13）。

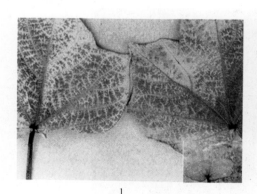

1　　　　　　　　　　　　　　　　2

图 2－13　棉枯萎病

1. 黄色网纹型；2. 紫红型；3. 青枯型；4. 黄化型

各种类型病株的共同特征是根、茎内部的导管变为深褐色或墨绿色。纵剖木质部，可见有黑色条纹（图 2－15）。

2. 黄萎病　比枯萎病发病稍迟。一般现蕾后开始发病，到花铃期达到高峰。首先从植株下部叶片开始发病，逐渐向上扩展。发病初期，叶片边缘和叶脉之间出现淡黄色斑块，以后病斑逐渐扩大，而主脉及附近叶肉仍保持绿色，呈"花西瓜皮状"或"掌状"（图 2－14）。有时病叶微向下卷，病部皱缩不平，最后变褐干枯。发病严重的植株，叶片全部脱落成光秆。当夏季暴雨过后，田间病株有时突然萎垂，似开水烫过一样，形成急性型萎蔫状。黄萎病病株根、茎木质部也有变色条纹，但较枯萎病浅，呈黄褐色或淡褐色（图 2－15）。

图 2－14　棉花黄萎病

1. 病株；2. 初期病叶；3. 中后期病叶

图 2-15　棉茎剖面(左：枯萎；中：黄萎；右：健株)

(十二) 棉铃虫

棉铃虫属鳞翅目、夜蛾科，分布于全国各产棉区，在我国北部和西北部棉区危害较重，尤以黄河流域棉区发生危害最重。棉铃虫为多食性害虫，可以危害多种植物。其危害棉花，主要是在棉花蕾花铃期钻蛀为害，造成蕾、花、铃的大量脱落和烂铃。

1. 成虫　体长 14～19 毫米，翅展 30～38 毫米，体色变化比较大，一般雌蛾黄褐色或红褐色，雄蛾灰褐色或带绿色。前翅有 4 条模糊的波状纹，中部近前缘处，有 1 个暗褐色环状纹和 1 个黑褐色肾状纹；外横线和亚外缘线之间褐色，形成一宽带；前翅外缘有 7 个小黑点。后翅灰白色，中部有 1 个月牙形黑斑，外缘有 1 条黑褐色宽带，宽带中部有 2 个白色不规则的圆斑。

2. 卵　近半球形，高约 0.5 毫米，宽约 0.45 毫米，纵棱达底部，每 2 根纵棱间有 1 根纵棱分为 2 岔或 3 岔。初产卵乳白色，逐渐变黄，近孵化时为紫褐色。

3. 幼虫　老熟幼虫体长 40～45 毫米，体色变化大，有绿色、褐色、淡红色、淡黄色或黄绿色等。头部黄色，有不规则的黄褐色网状斑纹，背线 2 条或 4 条，气门上线可分为不规则的 3～4 条，其上有连续的白色纹。各体节有毛片 12 个，前胸气门下方的 1 对毛片连线的延长线穿过气门，或与气门下缘相切。

4. 蛹　黄褐色，纺锤形。腹部第 5～7 节前缘密布环状刻点，腹末有 1 对小刺 (图 2-16)。

图 2 - 16　棉铃虫
1. 成虫（左雄右雌）；2. 卵粒；3. 幼虫；4. 蛹

（十三）棉叶螨

棉叶螨也称棉红蜘蛛，属于蛛形纲、蜱螨亚纲、真螨目、叶螨科，主要种类有朱砂叶螨、截形叶螨等。以幼螨、若螨和成螨群集在棉叶背面刺吸汁液。被害叶面上先出现黄白色小斑点，不久就成为红褐色斑，最后全叶变成紫红褐色枯焦脱落。苗期被害，严重时可成为光杆。蕾铃期受害，可造成落叶、落花、落蕾，致使棉株早衰减收。

1. 成螨　雌成螨卵圆形，体长约 0.53 毫米，宽约 0.32 毫米。体呈红褐色或锈红色，体背两侧各有黑色长斑 1 块，有时分隔成 2 块，前面 1 块较大。雄成螨略呈菱形，比雌成螨略小。

2. 卵　圆球形，直径约 0.13 毫米。初产时透明无色，或略带乳白色，后变橙红色。

3. 幼螨　体近圆形，长约 0.15 毫米，宽约 0.12 毫米。半透明，取食后体变暗绿色，足 3 对。

4. 若螨　分为第一若螨和第二若螨，均具足 4 对。第一若螨体长约 0.21 毫米，宽约 1.5 毫米，体侧有明显的斑块。第二若螨仅有雌螨，体长约 0.36 毫米，宽约 0.22 毫米（图 2-17）。

图 2-17　棉叶螨
1. 棉叶螨；2. 为害状

（十四）玉米螟

玉米螟俗称玉米钻心虫，属鳞翅目、螟蛾科，是世界性大害虫。国内除西藏尚未发现外，其他各省、自治区均有发生。玉米螟是多食性害虫，其寄主植物种类多达 40 科 200 种以上，但主要危害玉米、高粱、甘蔗和棉花等作物。其以幼虫钻食茎秆和果实，也危害叶片。

1. **成虫**　体长 13～15 毫米，翅展 25～35 毫米，体色黄褐，前翅中部有 2 条褐色波纹状，两横纹之间有 2 个褐斑；后翅灰黄色，也有 2 条褐色波纹状，与前翅横纹相接（图 2-18）。

2. **卵**　卵粒扁椭圆形，长约 1 毫米，初产时乳白色，后变淡黄色至暗黑色。常几十粒在一起排列成鱼鳞状（图 2-18）。

3. **幼虫**　成熟幼虫体长 20～30 毫米，头和前胸背板深褐色，体背多为淡褐、深褐、淡红或灰黄色，背线明显。中后胸背面有 4 个毛片成一横列，腹部 1～8 节背面有 2 列横排的毛片，前 4 后 2，前大后小（图 2-18）。

4. **蛹**　体长 12～18 毫米，纺锤形，黄褐色，腹末有 5～8 根向上弯曲的毛刺（图 2-18）。

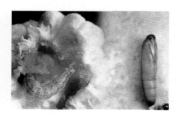

图 2-18　玉米螟
1. 成虫（上雄虫，下雌虫）；2. 幼虫；3. 蛹

（十五）玉米大斑病和小斑病

大斑病又名煤纹病,小斑病又名斑点病。此两种病害常混合发生,使玉米叶片早期枯死,严重影响玉米的产量。玉米大斑病和小斑病主要危害叶片,也可侵染叶鞘和苞叶等部位。

1. 大斑病　病斑大而少,呈梭形或长纺锤形,长 5～20 毫米。发病初期为青褐色水渍状小斑点,几天后很快沿叶脉向上下扩展成梭形大斑,边缘暗褐色,中央淡褐色。天气潮湿时,病斑上密生灰黑色霉层,为病菌的分生孢子梗和分生孢子。

2. 小斑病　病斑小而多。发病初期于叶面上产生暗色水渍状小斑点,逐渐扩大成椭圆形,长约 1 厘米,一张叶上有几十个到上百个病斑。后期病斑常彼此连结,叶片干枯。多雨、潮湿条件下,病斑表面密生灰黑色霉层,为病菌的分生孢子梗和分生孢子。

在叶片上有以下 3 种类型病斑:一是黄褐色坏死小斑,基本不扩大,周围具黄绿色晕圈,属抗病类型;二是病斑呈椭圆形或长方形,其扩展受叶脉限制,黄褐色,具有明显紫褐色或深褐色边缘;三是病斑为椭圆形或纺锤形,扩展不受叶脉限制,灰色或黄褐色,一般无明显的深色边缘,病斑上有时出现轮纹。后两种为感病型病斑,在一些玉米品种上,遇高温潮湿条件时,病斑周围或两端可出现深绿色浸润区,并可迅速萎蔫枯死,称萎蔫型病斑;不产生带浸润区病斑的叶片,病斑数量多时可汇合成片,变黄枯死,称为坏死型病斑(图 2-19)。

1　　　　　　　　　2

图 2-19　玉米大斑病和小斑病
1. 大斑病;2. 小斑病

第二节　病虫田间调查

一、学习目标

掌握几种主要病虫的测报调查方法及病虫田间调查和调查资料统计的相关知识。

二、调查内容与方法

（一）稻瘟病叶瘟普查

1. 调查时间　在分蘖末期和孕穗末期各查 1 次。

2. 调查数量　按病情程度选择当时田间轻、中、重 3 种类型田,每类型田查 3 块田,每块田查 50 丛稻的丛发病率,5 丛稻的绿色叶片病叶率。

3. 取样方法　采用 5 点取样,每点直线隔丛取 10 丛稻,调查病丛数,选取其中有代表性的 1 丛稻,查清绿色叶片的病叶数,调查记载格式见表 2-2。

表 2-2　大田叶瘟普查

单位＿＿＿＿＿＿＿　　　　　　　　　　　　　　　　　年度＿＿＿＿＿＿＿

调查日期	类型田	品种名称	50 丛稻		5 丛稻			防病情况
			病丛数	病丛率(%)	总叶数	病叶数	病叶率(%)	

4. 发病率计算　发病率分别用病丛率、病株率、病叶率、病穗率表示,说明发病的普遍程度,又叫普遍率。计算公式如下:

$$发病率(\%)=\frac{发病株(叶、穗、丛)数}{调查总株(叶、穗、丛)数}\times100$$

（二）稻纹枯病大田普查

1. 调查地点　选有代表性的测报点 3～5 个。

2. 调查时间　分蘖盛期、孕穗期、腊熟期各调查 1 次。

3. 调查田块　选生育期早、中、迟或长势好、中、差 3 种类型田的主栽品种各 1 块。

4. 调查取样方法　每块田平行 10 点取样,每点 10 丛,共查 100 丛,前两次只计算病丛率。最后一次调查时,随机选取其中 20 丛,查其总株数、病株数,算出病丛率、病株率。

调查结果记入表 2-3。

表 2-3　水稻纹枯病田间调查

稻作类型＿＿＿＿＿＿＿　　　　　　　　　　　　　　　　年度＿＿＿＿＿＿＿

调查日期	类型田	水稻种类	品种	生育期	调查丛数	病丛数	病丛率(%)	调查总株数	病株数	病株率(%)	肥水管理	备注

注:① 水稻种类指粳稻、籼稻、糯稻和杂交稻;

② 稻作类型指早稻、中稻、单季晚稻和双季晚稻等;

③ 肥水管理分好(施肥、管水合理,水稻生长正常)、差(施肥、管水不当,稻苗徒长)。

（三）稻飞虱大田虫情普查

1. 普查时间和次数　主害前一代若虫二、三龄盛期查 1 次，主害代防治前后各查 1 次，共查 3 次。每次成虫迁入峰后，立即普查 1 次田间成虫迁入量。

2. 调查田块数　每调查区每种主要水稻类型田至少查 20 块。

3. 调查方法　采用平行跳跃式取样，每块田取 5～10 点，每点 2 丛。用盘或盆拍查，内壁不涂黏虫胶，即拍即点数成虫、高龄若虫和低龄若虫。

4. 普查结果　普查结果记入表 2-4。

表 2-4　稻飞虱大田虫口密度普查记录（每 100 丛头数）

年度_____

调查日期		调查地点	类型田	品种	生育期	成虫量			若虫量			合计	褐飞虱百分率（%）	防治情况
月	日					长翅	短翅	小计	低龄	高龄	小计			

（四）二化螟虫口密度调查

1. 调查时间　冬前虫口密度，在晚稻收割时调查 1 次。冬后及各发生世代，在化蛹始盛期前后调查 1 次。

2. 取样方法　冬前调查，根据稻作、品种或螟害轻重情况，划分 2～3 个类型田，每个类型田选择 3～4 块，用平行跳跃式或双行直线连续割取水稻 200 丛，剥查稻桩和稻草内虫口密度。冬后调查，选有代表性的绿肥留种田和春花田各 3～5 块，采取多点随机取样或 5 点取样，每点量取一定面积，将所有外露和半外露稻桩进行剥查。二化螟越冬场所比较复杂，冬后有效虫源除稻桩外，还有稻草、茭白、春花植株等，也要调查。稻草取样，采取分户分散抽取稻草 10 千克以上，剥查计算虫口密度。调查春花植株虫口密度，各种春花田选 2～3 块，每块查 5 点，计 10～20 平方米，先查植株茎秆是否被蛀害，然后劈开被蛀害植株，检查死、活虫数。

发生世代调查，根据当地稻作、品种或螟害轻重划分类型，每类型选有代表性田 3 块以上，采用平行跳跃方法调查 200 丛。在螟害轻的年份或田块，除适当增加调查丛数外，也可采取双行直线连续取样法；特轻田块，抽查 1000～1500 丛。拔取所有被害株剥查死、活虫数，计算虫口密度和死亡率。

3. 虫口密度计算

$$
\text{每 667 平方米活虫数} \begin{cases} = \dfrac{\text{查得总活虫数} \times \text{每 667 平方米稻丛数}}{\text{调查丛数}} \text{（以稻丛计算）} \\[2mm] = \dfrac{\text{查得总活虫数}}{\text{调查面积（平方米）}} \times 667 \text{ 平方米（以面积计算）} \end{cases}
$$

$$
\text{一种类型田每 667 平方米虫口密度} = \dfrac{\text{该类型田块每 667 平方米虫口密度相加}}{\text{该类型调查田块数}}
$$

一种类型田的虫量＝该类型田每 667 平方米平均虫数×该类型田面积（667 平方米）

观测区总虫量 ＝ 各种虫源类型的虫量相加

$$观测区内虫源田每 667 平方米平均虫口密度（条）＝\frac{观测区内总虫量}{观测区内虫源田总面积}$$

4. 调查结果　调查结果填入表 2-5。

表 2-5　稻螟虫虫口密度及死亡率调查

单位_____　　　　　　　　　代别_____　　　　　　　　　年份_____

调查日期	类型田	品种	生育期	每 667 平方米丛数	调查丛数或面积（平方米）	活虫数（条）			死虫数（条）			折每 667 平方米活虫数（条）			死亡率（％）			螟种比例（％）		
						三化螟	二化螟	大螟	三化螟	二化螟	大螟	三化螟	二化螟	大螟	三化螟	二化螟	大螟	三化螟	二化螟	大螟

（五）玉米螟调查

1. 冬后幼虫存活率及秸秆残存量调查　了解越冬期间死亡情况,估计当地残虫数量,以便分析第一代发生消长趋势。在春季化蛹前（1 代区从 5 月下旬,2 代区从 5 月中旬,3 代区从 4 月下旬,4 代区从 3 月中旬,5、6 代区从 3 月上旬开始）调查越冬幼虫存活率 1 次。选不同环境条件下贮存的寄主作物秸秆,随机取样,每点剥查 100～200 秆,检查的总虫数不少于 50 头。区别幼虫死亡原因。一般虫体僵硬,外有白色或绿色粉状物为真菌寄生;发黑、软腐为细菌寄生;出现丝质虫茧为蜂寄生;出现蝇蛹为蝇寄生。并估计出当地在羽化前秸秆的残存量（折合成百秆数）,结果填入表 2-6。

表 2-6　玉米螟冬后存活率及虫量调查

单位_____　　　　　　　　　　　　　　　　　　　　年度_____

调查日期	地点	寄主种类	调查株数	玉米螟		条螟		两螟死亡原因					百秆活虫数		存活率（％）		估计残存秸秆量（百秆）	备注
				活虫数	死虫数	活虫数	死虫数	蜂寄生	蝇寄生	真菌寄生	细菌寄生	其他	玉米螟	条螟	玉米螟	条螟		

$$冬后存活率（％）＝\frac{冬后平均百秆活虫数}{冬前平均百秆总虫数}×100$$

2. 收获前虫量调查　为了掌握当年发生情况、防治效果和虫量,在主要寄主作物收获前,选有代表性的寄主田3～5块,每块田10点棋盘式取样,每点调查10株,共100株,统计死、活虫数,结果记入表2-7。选择一批虫量大的秸秆,按当地习惯堆存,备翌年春季调查化蛹、羽化进度之用。

表2-7　玉米螟收获期虫量调查

单位_____　　　　　　　　　　　　　　　　　年度_____

调查日期	调查地点	寄主种类	调查株数	玉米螟		条螟		两螟死亡原因					百秆活虫数		存活率（％）		防治情况及防治次数	备注
				活虫数	死虫数	活虫数	死虫数	蜂寄生	蝇寄生	真菌寄生	细菌寄生	其他	玉米螟	条螟	玉米螟	条螟		

（六）棉铃虫调查

越冬基数调查:

1. 调查时间　冬前,棉铃虫的幼虫绝大部分为5龄以上时。

2. 调查田块　选择主要寄主作物田,如棉花、玉米、高粱等。每种寄主选择对棉铃虫发生适合、一般、较差3种类型田,每种类型调查3～5块田。

3. 调查取样方法　每块田用5点取样法,共调查100～200株,把调查的幼虫数量,根据每种作物种植密度,计算成每667平方米虫量。

第一代幼虫量调查:

1. 调查时间　在当地第一代主要寄主作物上进行,调查时间一般应固定在5月中、下旬,选晴天、微风（小风）的上午调查1次。

2. 调查方法　条播、小株密植作物,以平方米为单位,每种类型田调查2～4块,每块地取样10点,每点5平方米;单株、稀植作物,以株为单位,每块田调查取样100～200株。

3. 统计幼虫总量

$$幼虫总量（万头）= \sum \left[某类寄主作物平均每667平方米幼虫量（头）\times 某类寄主植物总面积（667平方米）\right] \times (1-寄生率)$$

4. 其他世代棉田外幼虫量调查　当大多数幼虫在4龄以上时调查1次。

5. 棉铃虫幼虫数量统计记载格式见表2-8。

表 2-8　棉田外棉铃虫幼虫调查记录

单位_____　　　　　　　　　　　　　　　　　　　　　年度_____

日期		世代	作物	作物总面积(667平方米)	取样数			寄生率(%)	幼虫密度			幼虫总量(万头)
月	日				平方米	株	网数		百株或每平方米虫数	百网虫数	每667平方米虫数	
									(头)			

卵高峰期普查:根据对棉铃虫发生的有利程度对棉田分类,重点普查一、二类田的高峰期卵量,比较和验证对于棉铃虫的系统调查结果,指导大田防治。普查方法:每块田 5 点取样,每点 5 株,共普查 10～20 块田。

(七)棉花叶螨春季虫源基数调查

1. 调查时间　3 月份,当平均气温稳定达 6℃以上时,一般在 3 月中、下旬进行调查。

2. 调查对象

(1)棉花前茬作物　主要在蚕豆上进行调查。

(2)寄主杂草　在棉田内及棉田附近,选择 3～5 种主要寄主杂草(常见的有婆婆纳、马鞭草、蛇莓、益母草、乌蔹莓、风光轮菜、野苜蓿、蒲公英等)。

3. 调查取样方法　共调查两次,间隔 10 天左右。在棉花前茬作物上共调查 2～3 块田,每块田采用 5 点取样法,共调查 50～100 株(蚕豆按枝取样)。在田内寄主杂草上调查,采用随机取样法,每种杂草共调查 50～100 株。记载有螨株率、百株成螨数。以两次调查的平均值作为当年春季棉花叶螨的虫源基数。

4. 调查结果记载见表 2-9。

表 2-9　棉花叶螨春季虫源基数调查

单位_____　　　　　　　　　　　　　　　　　　　　　年度_____

日期		地点	寄主名称	调查株数(株)	有螨株数(株)	有螨株率(%)	成螨数(头)	百株成螨数(头)	备注
月	日								

(八)油菜菌核病调查

1. 春季大田子囊盘发生数量调查　在油菜初花期(5%～10%植株开花)时,选择上年旱地油菜收获地、十字花科蔬菜留种地和种过油菜的田埂、侧边、河边等处,按各种不同类型地的比例,取样调查。共取 50 个样点,每样点调查 1 平方米。调查点内子囊盘数(包括未成熟的全部子囊盘在内),并将结果记入表 2-10。

表 2-10 油菜菌核病菌源数量普查

单位_____   年度_____

调查日期	调查地点	田块类型	调查面积 (平方米)	子囊盘数 (个)	平均子囊盘数 (个/平方米)	备　注

2. 田间发病趋势调查　选当地有代表性的油菜田 3 块,每块田定株调查 100 株,调查时间一般从初花期开始,每 5 天调查 1 次,直至成熟期结束,记载叶病株率和茎病株率,调查结果记入表 2-11。

表 2-11 油菜菌核病发病趋势调查

单位_____   年度_____

调查日期	调查地点	品种名称	调查株数	叶发病		茎发病		备　注
				株数	叶病株率 (%)	株数	茎病株率 (%)	

(九) 黄瓜霜霉病调查

1. 大棚(温室)黄瓜中心病株及发病情况调查　大棚(温室)黄瓜定植后,选择地势低洼、通风排水不良、容易发病地段的大棚 1~2 个,在未发现中心病株前全棚调查,发现中心病株后,即发出中心病株普查预报并进行防治。

2. 露地黄瓜中心病株调查　黄瓜定植后,选择地势低、栽培较集中、早栽、易感病的主栽品种类型田 2~3 块。从出苗或定植后开始,每天调查 1 次,采取对角线 5 点取样,每点调查 100~200 株(或全田调查),查清发病始期、中心病株出现日期,并统计发病株率等,将结果填入表 2-12。

表 2-12 黄瓜霜霉病发病中心调查

单位_____   年度_____

调查日期	调查地点	品　种	生育期	发病始期及发病 中心出现日期	发病中心 病株数	发病中心 病株率(%)	备　注

(十) 甜菜夜蛾田间卵和幼虫数量消长调查

1. 调查时间与方法　自 3 月下旬至 11 月底,选择当地有代表性的连片种植的蔬菜田 2 块作为定点调查田。每块田采用"Z"字形 5 点取样,苗期每点 10 株,全株调查;成株期每点 5 株,调查外部 2~4 层叶片 5 片,将查到的卵块用记号笔标记,供下次查卵时区别新卵粒,同时调查幼虫数量和有卵株数,每 5 天调查 1 次,结果记入表 2-13。

表 2-13　甜菜夜蛾系统调查记录

单位_____　　　　　　　　　　　　　　　　　　　　　　　　年度_____

调查日期	调查地点	作物种类	生育期	叶片数	调查株数	有卵株数	有卵株率(%)	百株卵块数	平均每块卵粒数	孵化卵块数	孵化率(%)	百株虫量(头)	备注

2. 有卵株率、孵化率计算

有卵株率：调查有甜菜夜蛾卵的植株数占调查总植株数百分率。

孵化率：已孵化的卵粒数占所标记卵粒总数的百分率。

三、相关知识

（一）病虫田间调查

病虫田间调查是在病虫害发生现场，收集有关病虫害发生情况（如发生时间、发生数量、发生范围、发育进度、为害状况等）以及相关的环境因素的基本数据，为开展病虫害预测预报、制定防治方案或有关试验研究提供可靠的数据资料和依据的基础性工作。主要工作内容包括明确调查对象，规范调查时间、方法，统一数据整理方法和结果记载格式。

1. 调查类型　根据调查目的，可分为不同类型的调查。服务于病虫害预测预报的调查，通常分为两种类型：

（1）系统调查　为了解一个地区病虫发生消长动态，进行定点、定时、定方法，在一个生长季节要开展多次的调查。

（2）大田普查　为了解一个地区病虫发生关键时期（始期、始盛期、发展末期）整体发生情况，在较大范围内进行的大面积多点同期的调查。

2. 调查原理　病虫田间调查的基本原理就是抽样。在广阔的田间，对庞大的作物群体进行病虫发生情况的调查，不可能一株株数，更不能一叶叶看，只能从中抽取若干株或若干叶进行调查，这就叫抽样。被抽取的植株或叶叫样本。抽样是通过部分样本对总体做出估计，因此样本一定要有代表性。没有代表性就失去了调查的意义。样本的代表性主要取决于样本的含量，也就是样本的大小和抽样的方法是否科学。

3. 抽样方法　按照抽取样方布局形式的不同基本可分为两大类，即随机抽样和顺序抽样（或称机械抽样），从调查的步骤上还可分为分层抽样、分级抽样、双重抽样以及几种抽样方法配合等。病虫测报田间调查常用的取样方法属于顺序抽样。

顺序抽样：按照总体的大小，选好一定间隔，等距离抽取一定数量的样本。另一种理解是先将总体分为含有相等单位数量的区，区数等于拟抽出的样方数目。

随机地从第一区内抽一个样本,然后隔相应距离在各小区内分别抽一个样本,这种抽样方法又称为机械抽样或等距抽样。病虫田间调查中常用的5点取样、对角线取样、棋盘式取样、"Z"字形取样、双直线跳跃取样等严格讲都属于此类型。顺序取样的好处是方法简便,省时、省工,样方在总体中分布均匀。缺点是从统计学原理出发认为这些样方在一块田中只能看作是一个单位群,故无法计算各样方间的变异程度,也即无法计算抽样误差,从而也就无法进行差异比较,或置信区间计算。但可用与其他方法配合使用来加以克服。

4. 病虫田间调查常用取样方法

(1) 5点取样法　适用于密集的或成行的植株、害虫分布为随机分布的种群,可按一定面积、一定长度或一定植株数量选取5个样点。

(2) 对角线取样法　适用于密集的或成行的植株、病虫害分布为随机分布的种群,有单对角线和双对角线两种。

(3) 棋盘式取样法　适用于密集的或成行的植株、病虫害分布为随机或核心分布的种群。

(4) 平行跳跃式取样法　适用于成行栽培的作物、害虫分布属核心分布的种群,如稻螟幼虫调查。

(5) "Z"字形取样　适合于嵌纹分布的害虫,如棉花叶螨的调查。各种取样方式如图2-20所示。

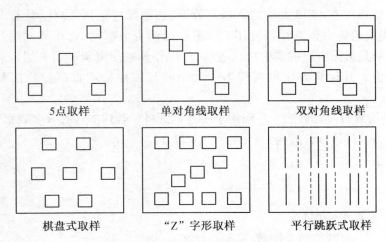

图2-20　几种常用的的取样方法

5. 取样的单位

(1) 长度　适用于条播作物,通常以"米(m)"为单位,如小麦、谷子。

(2) 面积　常用于调查地下害虫,苗期或撒播作物病虫害,常以"平方米(m²)"为单位。

(3) 时间　调查活动性大的害虫,以单位时间内收集或目测到的害虫数表示。

（4）植株或部分器官　适用于枝干及虫体小、密度大的害虫或全株性病害，计数每株或茎叶、果实等部位上的害虫数或病斑数。

（5）诱集物单位　如灯光、糖醋盆、性引诱剂等。计数一个单位、一定时间内诱到的害虫数量。

（6）网捕　适用于有飞翔活动的小型昆虫，如大豆食心虫、飞虱等，以一定大小口径捕虫网的扫捕次数为单位（网虫数）。

6. 取样数量　取样数量决定病虫害分布的均匀程度，分布比较均匀的，样本可小些，分布不均匀的，样本要大些。一般是根据调查要达到的精确度进行推算，或凭经验人为地主观规定，确定适度的取样数量。如在检查害虫的发育进度时，检查的总虫数不能过少，一般活虫数 30～50 头，虫数过少则误差大。数量表示方法有以下两种：

（1）数量法　凡是属于可数性状，调查后均可折算成某一调查单位内的虫数或植株受害数。例如调查蝗虫卵块，折算成每 667 平方米卵块数；调查植株上虫数常折算为百株虫量等。

（2）等级法　凡是数量不宜统计的，可将一定数量范围划分为一定的等级，一般只要粗略估计虫数，然后以等级表示即可，如棉花叶螨调查以螨害级数法表示发生程度。

（二）病虫田间调查资料的统计

通过抽样调查，获得大量的资料和数据，必须经过整理、简化、计算和比较分析，才能提供给病虫预测预报使用。一般统计调查数据时，常用算术法计算平均数。平均数是数据资料的集中性代表值，可以作为一组资料和另一组资料相差比较的代表值。其计算方法可视样本的大小或代表性采用直接计算法和加权计算法。

1. 平均数直接计算法　一般用于小样本资料。若样本含有 n 个观察值为 x_1、x_2、x_3、$\cdots$、x_n，其计算公式为：

$$\bar{x} = \frac{x_1 + x_2 + \cdots + x_n}{n} = \frac{\sum_1^n x_i}{n}$$

式中：$\bar{x}$——算术平均数；

　　　　n——一组数值的总次数；

　　　　$\sum$——累加总和的符号。

如调查某田地下害虫，查得每平方米蛴螬数为 1、3、2、1、0、4、2、0、3、3、2、3 头，求平均每平方米蛴螬头数。

据题：$n=12$，

x_1、x_2、x_3、$\cdots$、x_{12} 分别为 1、3、2、1、0、4、2、0、3、3、2、3，

代入公式求得

$$\bar{x}=\frac{1+3+2+\cdots+3}{12}=\frac{24}{12}=2 \text{ 头}$$

2. 加权法求平均数　如样本容量大,且观察值 x_1、x_2、x_3、$\cdots$、x_n 在整个资料中出现的次数不同,出现次数多的观察值在资料中占的比重大,对平均数的影响也大;出现次数少的观察值,对平均数的影响也小。因此,对各观察值不能平等处理,必须用权衡轻重的方法——加权法进行计算,即先将各个观察值乘自己的次数(权数,用 f 表示),再经过求和后,除以次数的总和,所得的商为加权平均数。其计算公式如下:

$$\bar{x}=\frac{f_1x_1+f_2x_2+\cdots+f_nx_n}{f_1+f_2+\cdots+f_n}=\frac{\sum\limits_1^n f_ix_i}{\sum\limits_1^n f_i}$$

加权法常用来求一个地区的平均虫口密度或被害率、发育进度等。

如虫口密度的加权平均计算:查得某村 3 种类型稻田的第二代三化螟残留虫口密度:双季早稻田每 667 平方米 30 头,早栽中籼稻田每 667 平方米 100 头,迟栽中粳田每 667 平方米 450 头,求该村第二代三化螟每 667 平方米平均残留虫量。

如果用直接法计算残量虫量,则

$$\bar{x}=\frac{30+100+450}{3}=\frac{580}{3}=193.3(\text{每 667 平方米头数})$$

但是,实际上这 3 种类型田的面积比重很不相同,双季早稻田为 60×667 平方米,早栽中籼稻为 100×667 平方米,而迟栽中粳稻为 10×667 平方米,应当将其各占的比重考虑在内,则用加权法计算该队的平均每 667 平方米残留虫量为

$$\bar{x}=\frac{30\times60+100\times100+450\times10}{170}=33.4(\text{每 667 平方米头数})$$

两种方法计算结果几乎差 6 倍,显然用加权法计算是反映了实际情况。

3. 虫口密度　表示一个调查单位内的虫口数量,再折合成每亩虫数。公式为

$$\text{虫口密度}=\frac{\text{调查总虫数}}{\text{调查总单位数}}\times\text{每亩单位数}$$

虫口密度也可用百株虫数表示:

$$\text{百株虫数}=\frac{\text{调查总虫数}}{\text{调查总株数}}\times100$$

4. 病情指数　发病率不能反映被害程度,因此应根据其为害程度不同进行分级,再求出病情指数,才能真实反映为害严重程度。

<<< 复习题 >>>

一、单项选择题(将正确答案填入题内的括号中)

1. 长期预测、中期预测和短期预测 3 种预测类型中,以( )预测准确率较高。
    A. 长期　　　　　　　　　　B. 中期
    C. 短期　　　　　　　　　　D. 中长期

2. ( )常用来求一个地区的平均虫口密度或被害率、发育进度等。
    A. 算术平均　　　　　　　　B. 加权平均
    C. 平方根　　　　　　　　　D. 平方

3. 利用糖醋盆诱虫,其调查取样单位为( )。
    A. 网捕　　　　　　　　　　B. 诱集物
    C. 面积　　　　　　　　　　D. 时间

4. 条播作物的病虫害调查,其调查取样单位为( )。
    A. 网捕　　　　　　　　　　B. 诱集物
    C. 面积　　　　　　　　　　D. 长度

5. 病虫调查取样数量,取决于病虫分布的( )程度。
    A. 危害　　　　　　　　　　B. 均匀
    C. 发育　　　　　　　　　　D. 高矮

6. 水稻拔节期调查 100 株,有 75 株发生纹枯病,其发病率是( )。
    A. 25%　　　　　　　　　　B. 50%
    C. 75%　　　　　　　　　　D. 80%

7. 6 月 20 日调查棉花 150 铢,共查棉铃虫卵 780 粒,其百株卵量( )粒。
    A. 500　　　　　　　　　　B. 450
    C. 520　　　　　　　　　　D. 550

8. 把病虫害( )的结果,编写成情报送到有关单位叫预报。
    A. 预计　　　　　　　　　　B. 预测
    C. 预算　　　　　　　　　　D. 预定

9. 昆虫完成一个发育阶段所需要的天数,与同期内有效温度的乘积称为( )。
    A. 发育起点　　　　　　　　B. 最适温度
    C. 有效积温　　　　　　　　D. 有效历期

10. 下列水稻害虫中( )属迁飞性害虫。
    A. 二化螟　　　　　　　　　B. 白背飞虱
    C. 黑尾叶蝉　　　　　　　　D. 稻苞虫

11. 稻纵卷叶螟主要为害水稻( )。

  A. 叶片   B. 茎

  C. 根   D. 稻穗

12. 稻曲病主要为害水稻( )。

  A. 穗颈   B. 枝梗

  C. 叶片   D. 谷粒

13. 调查棉花叶螨每块地多采取( )取样法。

  A. 平行线或抽行式   B. 5 点

  C. 棋盘式   D. "Z"字形

14. 霜霉病以( )油菜最轻。

  A. 白菜型   B. 芥菜型

  C. 甘蓝型   D. 三种都是

15. 病虫害调查类型通常分为两种,即系统调查和( )。

  A. 大田普查   B. 短期调查

  C. 中期调查   D. 长期调查

二、判断题(正确的填"√",错误的填"×")

1. ( )出现急性型病斑常是叶瘟流行的预兆。

2. ( )褐稻虱长翅型成虫比例增加时,就有大发生的预兆。

3. ( )水稻纹枯病是中温高湿型病害。

4. ( )白背飞虱、褐飞虱、灰飞虱都为单食性害虫。

5. ( )稻飞虱以成、若虫群集在稻丛中部为害。

6. ( )近几年,稻条纹叶枯病在浙江省的杭嘉湖、宁绍稻区单季晚粳稻上发生普遍。

7. ( )棉花枯黄萎病都为土传性病害。

8. ( )对于样本容量大,而且观察值在资料中出现的次数和所占的比重都不同,可利用加权法计算平均数。

9. ( )借助现代媒体发送病虫预测、预报,具有信息传递快、效果好的特点。

10. ( )在一块地调查病虫害,调查 100 株和调查 30 株一般来说是没什么区别的。

11. ( )病虫害分布不均匀,调查株数要多;病虫害分布比较均匀,调查株数可适当少些。

12. ( )在地边调查和到地里调查是一样的。

13. ( )调查时不能有意去选病虫害发生重或发生轻的地方。

14. ( )病虫害预测预报是指导防治的重要依据。

15. ( )发病率不能反映作物被病害为害的发生程度,而病情指数能。

第三章　综合防治

第一节　综合防治原理

一、学习目标

了解综合防治的概念和综合防治方案的制订原则,掌握综合防治的主要措施。

二、综合防治的概念

综合防治是对有害生物进行科学管理的体系。它从农业生态系统总体出发,根据有害生物和环境之间的相互关系,充分发挥自然控制因素的作用,因地制宜协调应用必要的措施,将有害生物控制在经济受害允许水平之下,以获得最佳的经济、生态和社会效益。国外流行的"有害生物综合治理"(简称 IPM)与国内提出的"综合防治"的基本含义是一致的,都包含了以下主要观点:

1. 经济观点　综合防治只要求将有害生物和种群数量控制在经济受害允许水平之下,而不是彻底消灭。一方面,保留一些不足以造成经济损害的低水平种群有利于维持生态多样性和遗传多样性,如允许一定量害虫存在,就有利于天敌生存;另一方面,这样做符合经济学原则,在有害生物防治中必然要考虑防治成本与防治收益问题,当有害生物种群密度达到经济阈值(或防治指标)时,才采取防治措施,达不到则不必防治。

2. 综合协调观点　防治方法多种多样,但没有一种方法是万能的,因此必须综合应用。综合协调不是各种防治措施的机械相加,也不是越多越好,必须根据具体的农田生态系统,有针对性地选择必要的防治措施,有机结合,辩证配合,取长补短,相辅相成。要把病虫的综合治理纳入农业可持续发展的总方针之下,从事病虫害防治的部门要与其他部门如农业生产、环境保护部门等综合协调,在保护环境、持续发展的共识之下,合理配套运用农业、化学、生物、物理的方法,以及其他有效的生态学手段,对主要病虫害进行综合治理。

3. 安全观点　综合防治要求一切防治措施必须对人、畜、作物和有益生物安全,符合环境保护的原则。尤其在应用化学防治时,必须科学合理地使用农药,既保证当前安全、毒害小，又能长期安全、残毒少。在可能的情况下，要尽量减少化学农药的使用。

4. 生态观点　综合防治强调从农业生态系统的总体观点出发，创造和发展农业生态系统中的各种有利因素，造成一个适宜于作物生长发育和有益生物生存繁殖，不利于有害生物发展的生态系统。特别要充分发挥生态系统中自然因素的生态调控作用，如作物本身的抗逆作用、天敌控害作用、环境调控作用等。制订措施首先要在了解病虫及优势天敌依存制约的动态规律基础上，明确主要防治对象的发生规律和防治关键，尽可能综合协调采用各种防治措施并兼治次要病虫，持续降低病虫发生数量，力求达到全面控制数种病虫严重为害的目的，取得最佳效益。

三、综合防治方案的制订

农作物病、虫、草、鼠害综合防治实施方案，应以建立最优的农业生态系统为出发点，一方面要利用自然控制，另一方面要根据需要和可能，协调各项防治措施，把有害生物控制到经济受害允许水平以下。

1. 综合防治方案的基本要求　在制订有害生物综合防治方案时，选择的技术措施要符合"安全、有效、经济、简便"的原则。"安全"指的是人、畜、作物、天敌及其生活环境不受损害和污染。"有效"是指能大量杀伤有害生物或明显降低其密度，起到保护植物不受侵害或少受侵害的作用。"经济"是一个相对指标，为了提高农产品效益，要求少花钱，尽量减少消耗性的生产投资。"简便"指要求因地、因时制宜，防治方法简便易行，便于群众掌握。这其中，安全是前提，有效是关键，经济与简便是在实践中不断改进提高要达到的目标。

2. 综合防治方案的类型

（1）以个别有害生物为对象　即以一种主要病害或害虫为对象，制订该病害或害虫的综合防治措施，如对水稻纹枯病的综合防治方案。

（2）以作物为对象　即以一种作物所发生的主要病虫害为对象，制订该作物主要病虫害的综合防治措施，如对油菜病虫害的综合防治方案。

（3）以整个农田为对象　即以某个村、镇或地区的农田为对象，制订该村镇或地区各种主要作物的重点病、虫、草、鼠等有害生物的综合防治措施，并将其纳入整个农业生产管理体系中去，进行科学系统的管理。如对某个乡镇的各种作物病、虫、草、鼠害的综合防治方案。

四、综合防治的主要措施

（一）植物检疫

植物检疫是根据国家颁布的法令，设立专门机构，对国外输入和国内输出，以及国内地区之间调运的种子、苗木及农产品等进行检疫，禁止或限制危险性病、虫、杂草的传入和输出;或者在传入以后限制其传播,消灭其为害。植物检疫又称为法规防治,其具有相对的独立性,但又是整个植物保护体系中不可分割的一个重要组成部分。它能从根本上杜绝危险性病、虫、杂草的来源和传播,是最能体现贯彻"预防为主,综合防治"植保工作方针的,尤其在我国加入世界贸易组织(WTO)后,国际经济贸易活动不断深入,植物检疫任务越来越重,植物检疫工作就显得更为重要。

植物检疫分对内检疫和对外检疫。对内检疫又称国内检疫,主要任务是防止和消灭通过地区间的物资交换,调运种子、苗木及其他农产品而传播的危险性病、虫及杂草。对外检疫又称国际检疫。国家在沿海港口、国际机场及国际交通要道,设立植物检疫机构,对进、出口和过境的植物及其产品进行检验和处理,防止国外新的或在国内局部地区发生的危险性病、虫、杂草的输入;同时也防止国内某些危险性病、虫、杂草的输出。

1. 植物检疫对象的确定　　植物检疫对象是根据每个国家或地区为保护本国或本地区农业生产的实际需要和当地农作物病、虫、草害发生的特点而制定的,主要依据下列几项原则:

(1)国内或当地尚未发现或分布不广的,一旦传入对植物为害性大、经济损失严重的。

(2)繁殖力强、适应性广、难以根除的。

(3)主要是随种子、苗木、繁殖材料等靠人为传播的危险性病、虫、杂草。

2. 植物检疫的主要措施

(1)调查研究,掌握疫情　　了解国内外危险性病、虫、杂草的种类、分布和发生情况。有计划地调查当地发生或可能传入的危险性病、虫、杂草的种类、分布范围和危险程度。调查的方法可分为普查、专题调查和抽查等形式。

(2)划定疫区和保护区　　发生植物检疫对象的地区称疫区,未发生的地区称保护区。疫区和保护区须在全面调查基础上确定,这样既能防止植物检疫对象的传播,又可有目的、有计划地控制和扑灭检疫对象。

(3)采取检疫措施　　凡从疫区调出的种子、苗木、农产品及其他播种材料应严格检疫,未发现检疫对象的发给"检疫证书";发现有检疫对象,而可能彻底消毒处理的,应指定地点按规定措施进行处理后,经复查合格可发给"检疫证书";无法消毒处理的,则可按不同情况分别给予禁运、退回、销毁等处理。严禁带有检疫对象的种子、苗木、农产品及其他播种材料进入保护区。

(二)农业防治

农业防治就是运用各种农业技术措施,有目的地改变某些环境因子,创造有利于作物生长发育和天敌发展而不利于病虫害发生的条件,直接或间接地消灭或抑制病虫的发生和危害。农业防治是有害生物综合治理的基础措施。它对有害生物的控制以预防为主,甚至可能达到根治。多数情况下是结合栽培管理措施进行的,不需要增加额外的成本,并且易于被群众接受,易推广。农业防治对其他生物和环境的破坏作用最小,有利于保持生态平衡,符合农业可持续发展要求。其不足是防治作用慢,对暴发性病虫的为害不能迅速控制,而且地域性、季节性较强,受自然条件的限制较大。有些防治措施与丰产要求或耕作制度有矛盾。农业防治的具体措施主要有以下几方面:

1. 选用抗病虫品种　培育和推广抗病虫品种,发挥作物自身对病虫害的调控作用,是最经济有效的防治措施。目前我国在向日葵、烟草、小麦、玉米、棉花等作物上已培育出一批具有综合抗性的品种,并在生产上发挥作用。随着现代生物技术的发展,利用基因工程等新技术培育抗性品种,将会在今后的有害生物综合治理中发挥更大作用。在抗病虫品种的利用上,要防止抗性品种的单一化种植,注意抗性品种轮换,合理布局具有不同抗性基因的品种,同时配以其他综合防治措施,提高利用抗病虫品种的效果。

2. 使用无害种苗　生产上常通过建立无病虫种苗繁育基地、种苗无害化处理、工厂化组织培养脱毒苗等途径获得无害种苗,以杜绝种苗传播病虫害。建立无病虫留种基地应选择无病虫地块,播前选种或进行消毒,加强田间管理,采取适当防治措施等。

3. 改进耕作制度　包括合理的轮作倒茬、正确的间作套种、合理的作物布局等。实行合理的轮作倒茬可以恶化病虫发生的环境,如水旱轮作可以减轻一些土传病害(如棉花枯萎病)和地下害虫的为害。正确的间、套作有助于天敌的生存繁衍或直接减少害虫的发生,如麦棉套种,可减少前期棉蚜迁入,麦收后又能增加棉株上的瓢虫数量,减轻棉蚜为害;又如在棉田套种少量玉米,能诱集棉铃虫在其上产卵,便于集中消灭。合理调整作物布局可以造成病虫的侵染循环或年生活史中某一段时间的寄主或食料缺乏,达到减轻为害的目的,这在水稻螟虫等害虫的控制中有重要作用。但是,如果轮作和间作套种应用不当,也可能导致某些病虫为害加重,如水稻与玉米轮作,会加重大螟的为害;棉花与大豆间作有利于棉叶螨的发生。

4. 加强田间管理　田间管理是各种农业技术措施的综合运用,对于防治病虫害具有重要的作用。

(1) 适时播种可促使作物生长苗壮,增强抵抗力,同时可避开某些病虫的严重为害期。

(2) 合理密植可使作物群体生长健壮整齐,提高对病虫的抵抗力;同时使植株间通风透气好,湿度降低,直接抑制某些病虫的发生。

(3) 适时中耕可以改善土壤通气状况,调节地温,有利于作物根系发育。

(4) 科学管理肥水,不偏施氮肥,控制田间湿度,防止作物生长过嫩过绿、后期贪青迟熟,可以减轻多种病虫的发生。如适时排水晒田,可抑制水稻纹枯病、稻飞虱的发生;春季麦田发生红蜘蛛为害时,可以结合灌水振落杀死。灌水还可以杀死棉铃虫蛹等。

(5) 适时间苗、定苗,拔除弱苗和病虫苗;及时整枝打杈;清除杂草;清洁田园;及时将枯枝、落叶、落果等残体清除,对控制病虫害发生都有重要作用。

此外,利用植物的多样性(利用植物与病、虫、草之间的相克作用及植被丰富、天敌资源的增多来抑制病、虫、草的发生)来抑制有害生物的为害成灾,是农业生产的一个长远目标。在植物控害栽培技术中,还可利用深耕改土、覆盖技术(如地膜覆盖、盖膜晒土)等防治病虫害。

(三) 物理机械防治

利用各种物理因子(如光、电、色和温、湿度等)、人工和器械防治有害生物的方法,称为物理机械防治。此法一般简便易行,成本较低,不污染环境,但有些措施费时、费工或需要一定的设备,有些方法对天敌也有影响。

1. **捕杀法**　根据害虫的生活习性,如群集性、假死性等,利用人工或简单的器械捕杀。如人工挖掘捕捉地老虎幼虫,振落捕杀金龟甲,用铁丝钩杀树干中的天牛幼虫,用拍板和稻梳捕杀稻苞虫等。

2. **诱杀法**　利用害虫的趋性或其他习性诱集并杀灭害虫。常用方法有:

(1) 灯光诱杀　利用害虫的趋光性进行诱杀。常用波长为365纳米的20瓦黑光灯或与日光灯并联或旁加高压电网进行诱杀,新型的如佳多频振式杀虫灯等对害虫诱集效果比黑光灯好。

(2) 潜所诱杀　利用害虫的潜伏习性,人为地制造各种适合场所,引诱害虫来潜伏或越冬,然后将其消灭。如用杨树枝诱集棉铃虫成虫,果树主干上束草或包扎布条诱集梨星毛虫、梨小食心虫越冬幼虫等。

(3) 食饵诱杀　利用害虫趋化性诱杀,如用糖醋盆诱杀黏虫、甘蓝夜蛾成虫,田间撒毒谷诱杀蝼蛄等。

(4) 植物诱杀　利用某些害虫对植物取食、产卵的趋性,种植合适的植物诱杀,如在棉田种植少量玉米、高粱以诱集棉铃虫产卵,然后集中消灭。

(5) 黄板诱杀　利用蚜虫、白粉虱等的趋黄色习性,可在田间设置黄色黏虫板进行诱杀。

3. **汰选法**　利用健全种子与被害种子在形态、大小、比重上的差异进行分离,剔除带有病虫的种子。常用的有手选、筛选、风选、盐水选等方法。

4. **温度处理**　冬季,在北方可利用自然低温杀死贮粮害虫。夏季,利用室外日光晒种能杀死潜伏其中的害虫。用开水浸烫豌豆种25秒或蚕豆种30秒,然后在冷水中浸数分钟,可杀死其中的豌豆象或蚕豆象,而不影响种子发芽。

5. **阻隔法**　根据害虫的生活习性,设置各种障碍物,防止病虫为害或阻止其活动、蔓延。如利用防虫网防止害虫侵害温室花卉和蔬菜,果实套袋防止病虫侵害水果,撒药带阻杀群迁的黏虫幼虫等。

此外,还可用高频电流、超声波、激光、原子能辐射等高新技术防治病虫。

(四) 生物防治

生物防治就是利用自然界中各种有益生物或生物的代谢产物来防治有害生物的方法。其优点是对人、畜及植物安全,不杀伤天敌及其他有益生物,不污染环境,往往能收到较长期的控制效果,而且天敌资源比较丰富,使用成本较低。因此,生物防治是综合防治的重要组成部分。但是,生物防治也有局限性,如作用较缓慢,使用时受环境影响大,效果不稳定;多数天敌的选择性或专化性强,作用范围窄;人工开发技术要求高,周期长等。所以,生物防治必须与其他的防治方法相结合,综合地应用于有害生物的治理中。生物防治主要包括以下几方面内容:

1. 利用天敌昆虫防治害虫　以害虫作为食料的昆虫称为天敌昆虫。利用天敌昆虫防治害虫又称为"以虫治虫"。天敌昆虫可分为捕食性和寄生性两大类。常见的捕食性天敌昆虫如瓢虫、草蛉、食蚜蝇、胡蜂、步甲、食虫蝽等,其一般均较被猎取的害虫大,捕获害虫后立即咬食虫体或刺吸害虫体液。寄生性天敌昆虫大多数属于膜翅目和双翅目,即寄生蜂和寄生蝇,其虫体均较寄主虫体小,以幼虫期寄生于寄主体内或体外,最后寄主随天敌幼虫的发育而死亡。利用天敌昆虫防治害虫的主要途径有:

(1) 保护利用本地自然天敌昆虫　通过各种措施改善或创造有利于自然天敌昆虫发生的环境条件,促进自然天敌种群的增长,以加大对害虫的自然控制能力。保护利用天敌的基本措施有:帮助天敌安全越冬,如天敌越冬前在田间束草诱集,然后置于室内蛰伏;必要时为天敌补充食料,如种植天敌所需的蜜源植物;人工保护天敌,如采集被寄生的害虫,放在天敌保护器中,使天敌能顺利羽化,飞向田间;人工助迁利用;合理用药,避免农药杀伤天敌昆虫等。农业生产中,合理安全使用农药,注意生物防治与化学防治的协调应用,是保护、利用本地自然天敌昆虫的最重要措施。

(2) 人工大量繁殖和释放天敌昆虫　在自然情况下,天敌的发展总是以害虫的发展为前提的,在很多情况下不足以控制害虫的暴发。因此,用人工饲养的方法在室内大量繁殖天敌,在害虫大发生前释放到田间或仓库中去,以补充自然天敌数量的不足,达到控害的目的就很有必要。目前国际上有130余种天敌昆虫已经商品化生产,其中主要种类为赤眼蜂、丽蚜小蜂、草蛉、瓢虫、小花蝽、捕食螨等。我国在这方面也有很多成功的事例,如饲养释放赤眼蜂防治玉米螟、松毛虫、甘蔗螟虫等,在棉花仓库内释放金小蜂防治越冬期棉红铃虫,利用草蛉防治棉蚜、棉铃虫、果树叶螨、温室白粉虱等。

(3) 引进外地天敌昆虫　从国外或外地引进有效天敌昆虫来防治本地害虫,

这在生物防治历史上是一种经典的方法,已有很多成功事例。如早在 19 世纪 80 年代,美国从澳大利亚引进澳洲瓢虫控制了美国柑橘产区的吹绵蚧;我国在 20 世纪 50 年代从前苏联引进日光蜂与胶东地区日光蜂杂交,提高了生活力与适应性,从而有效控制了烟台等地苹果绵蚜的为害;1978 年我国从英国引进丽蚜小蜂防治温室白粉虱取得成功等。

2. 利用微生物防治害虫　又称为"以菌治虫"。这种方法较简便,效果一般较好,已在国内外得到广泛重视和利用。引起昆虫疾病的微生物有真菌、细菌、病毒、原生动物及线虫等多种类群,目前研究较多而且已经开发应用的微生物杀虫剂主要是真菌、细菌、病毒 3 大类。

(1) 细菌　我国利用的昆虫病原细菌主要是苏云金杆菌(Bt),其制剂有乳剂和粉剂两种,用于防治棉花、蔬菜、果树等作物上的多种鳞翅目害虫。目前国内已成功地将苏云金杆菌的杀虫基因转入多种植物体内,培育成抗虫品种,如转基因的抗虫棉等。此外,形成商品化生产的还有乳状芽孢杆菌,主要用于防治金龟子幼虫——蛴螬。

(2) 真菌　我国生产和使用的真菌杀虫剂有蚜霉菌、白僵菌、绿僵菌等,应用最广泛的是白僵菌,主要用于防治鳞翅目幼虫、叶蝉、飞虱等。

(3) 病毒　目前发现的昆虫病毒以核型多角体病毒(NPV)最多,其次为颗粒体病毒(GV)及质型多角体病毒(CPV)等。其中应用于生产的有棉铃虫、茶毛虫和斜纹夜蛾核多角体病毒,菜粉蝶和小菜蛾颗粒体病毒,松毛虫质型多角体病毒等。

此外,某些放线菌产生的抗生素对昆虫和螨类有毒杀作用,这类抗生素称为杀虫素。常见的杀虫素有阿维菌素、多杀菌素等,前者可用于防治多种害虫和害螨,后者则可用来防治抗性小菜蛾和甜菜夜蛾。

近年来,其他昆虫病原微生物也有一定应用,如利用原生动物中的微孢子虫防治蝗虫,利用昆虫病原线虫防治玉米螟、桃小食心虫等。

3. 利用微生物及其代谢产物防治病害　又称为"以菌治菌(病)"。植物病害的生物防治是利用对植物无害或有益的微生物来影响或抑制病原物的生存和活动,压低病原物的数量,从而控制植物病害的发生与发展。有益微生物广泛存在于土壤、植物根围和叶围等自然环境中。在生物防治中应用较多的有益微生物如细菌中的放射土壤杆菌、荧光假单胞菌和枯草芽孢杆菌等,真菌中的哈茨木霉及放线菌(主要利用其产生的抗生素)等。有益微生物主要通过以下机制发挥作用:

(1) 抗菌作用　指一种生物通过其代谢产物抑制或影响另一种生物的生长发育或生存的现象。这种代谢产物称为抗生素。目前农业上广泛应用的抗生素有井冈霉素、春雷霉素等。

(2) 竞争作用　指有益微生物在植株的有效部位定殖,与病原物争夺空间、营养、氧气和水分等的现象。如枯草芽孢杆菌占领大白菜软腐病菌的侵入位点,使后者难以侵入寄主。草生欧文氏菌对梨火疫病菌的抑制作用主要是营养竞争。

（3）重寄生作用 一种病原物被另一种微生物寄生的现象称为重寄生。对植物病原物有重寄生作用的微生物很多,目前生物防治中利用最多的是重寄生真菌,如哈茨木霉寄生立枯丝核菌等。用木霉菌拌种可防治棉花立枯病、黄萎病等。

（4）交互保护作用 指植物在先接种一种弱致病力的微生物后不感染或少感染强致病力病原物的现象。如用番茄花叶病毒的弱毒株系接种可防治番茄花叶病毒强毒株系的侵染。

在有益微生物的应用中,一方面应充分利用自然界中已有的有益微生物,可通过适当的栽培方法和措施（如合理轮作和施用有机肥）,改变土壤的营养状况和理化性状,使之有利于植物和有益微生物而不利于病原物的生长,从而提高自然界中有益微生物的数量和质量,达到减轻病害发生的目的。另一方面,可人工引入有益微生物,即将通过各种途径获得的有益微生物,经工业化大量培养或发酵,制成生防制剂后施用于植物（拌种、处理土壤或喷雾于植株）,以获得防病效果。此外,利用有益微生物对病原物有抑制作用的代谢产物（即抗生素）,也是植物病害生物防治的一个重要方面。

4. 利用其他有益生物防治害虫 其他有益生物包括蜘蛛、捕食螨、两栖类、爬行类、鸟类、家禽等。农田中蜘蛛有百余种,常见的有草间小黑蛛、八斑球腹蛛、三突花蛛、拟水狼蛛等。蜘蛛繁殖快、适应性强,对稻田飞虱、叶蝉及棉蚜、棉铃虫等的捕食作用明显,是农业害虫的一类重要天敌。农田中的捕食性螨类,如植绥螨、长须螨等,在果树和棉田害螨的防治中有较多应用。两栖类中的青蛙和蟾蜍,主要以昆虫及其他小动物为食。在捕食的昆虫中,绝大多数是农业害虫。鸟类在我国约有 1100 种,其中有一半鸟类以昆虫为食。为此,应该严禁打鸟,大力植树造林,悬挂鸟巢箱,招引益鸟栖息。此外,稻田养鸭、养鱼、养鸡食虫等都是一举两得的方法。对于其他有益生物,目前还是以保护利用为主,使其在农业生态系统中充分发挥其治虫作用。

5. 利用昆虫激素和不育性防治害虫 目前研究和应用较多的昆虫激素主要是保幼激素和性外激素。前者如昆虫保幼激素 2 号、JH25 等防治烟青虫及蚜虫效果显著。后者又称性信息素,人工合成的性外激素通常叫性诱剂,其在害虫防治及测报上有很大的应用价值,我国已合成利用的有梨小食心虫、苹果小卷叶蛾、棉铃虫、玉米螟等性外激素。在生产上,通过大量设置性外激素诱捕器来诱杀田间害虫（诱杀法）或利用性外激素来干扰雌雄虫交配（迷向法）控制害虫。

不育性治虫是采用辐射源或化学不育剂处理昆虫（一般处理雄虫）或用杂交方法使其不育,大量释放这种不育性个体,使之与野外的自然个体交配从而使后代不育,经过多代释放,逐渐减少害虫的数量,达到防治害虫的目的。

（五）化学防治

化学防治就是利用化学农药防治有害生物的方法。其优点是：防治对象广，几乎所有植物病虫草鼠均可用化学农药防治；防治效果显著，收效快，尤其能作为暴发性病虫害的急救措施，迅速消除其为害；使用方便，受地区及季节性限制小；可以大面积使用，便于机械化操作；可工业化生产、远距离运输和长期保存。因此，化学防治在综合防治中占有重要地位。但化学防治存在的问题也很多，其中最突出的是：由于农药使用不当导致有害生物产生抗药性；对天敌及其他有益生物的杀伤，破坏了生态平衡，引起主要害虫的再猖獗和次要害虫大发生；污染环境，引起公害，威胁人类健康。为了充分发挥化学防治的优势，逐步克服和避免存在的问题，目前，一方面要注意化学防治与其他防治方法的协调，特别是与生物防治的协调；另一方面应致力于对化学防治本身的改进，如研究开发高效、低毒、低残留并具有选择性的农药（包括非杀生性杀虫剂的研制、植物源农药的开发等），改进农药的剂型和提高施药技术水平等。

第二节　实施综防措施

一、学习目标

了解当地农作物主要病虫的发生规律，并掌握其综合防治措施。

二、主要病虫的发生规律与综防措施

（一）稻瘟病

1. 发病规律　病菌以菌丝体和分生孢子在病稻草和病种谷上越冬，成为翌年的初侵染来源。病谷播种后引起苗瘟，但早稻育秧期气温低，很少发生苗瘟；双季稻区晚稻育秧期间，气温已升高，所以种谷带菌可引起晚稻苗瘟。带菌稻草越冬后，第二年春、夏之交，只要温、湿度条件适宜，便产生大量的分生孢子。分生孢子借风雨飞散传播到秧田或本田，萌芽侵入水稻叶片，引起发病。发病后病部产生的分生孢子，经风雨传播，又可进行再侵染。叶瘟发生后，相继引起节瘟、穗颈瘟乃至谷粒瘟。稻瘟病菌繁殖很快，在感病品种上，只要温、湿条件适宜，可在短时间内流行成灾。

水稻品种抗病性差异很大，存在高抗至感病各种类型。同一品种不同生育期抗性也有差异，以四叶期、分蘖盛期和抽穗初期最感病。叶片抽出当天最感病，稻穗以始穗期最感病。稻瘟病为温暖潮湿型病害。气温在 $24\sim30℃$，尤其在 $24\sim28℃$，加上阴雨多雾，露水重，使田间高湿，稻株体表较长时间保持水膜，易引起稻瘟病严重发生。抽穗期如遇到低于 20℃ 以下持续低温 1 星期或者 17℃ 以下持续低温 3 天,常造成穗瘟流行。氮肥施用过多或过迟、密植过度、长期深灌或烤田过度都会诱发稻瘟病的严重发生。

2. 综防措施　稻瘟病的防治应采取以栽培高产抗病品种为基础,加强肥水管理为中心,发病后及时喷药的综合防治措施。

(1) 选用高产、抗病品种　近年来我国各地已选育出大量可供推广的抗病、高产良种,各地可因地制宜选用。要注意品种的合理布局,防止单一化种植,并注意品种的轮换、更新。

(2) 加强肥水管理　氮、磷、钾合理搭配,增施有机肥、适当施用硅酸肥料,应掌握"基肥足、追肥早"的原则,防止后期过量施用氮肥,冷浸田应增施磷肥。

做好排灌分系工作,防止串灌、漫灌和长期深灌,做到前期勤灌、浅灌,分蘖末期适时搁田,后期灌好跑马水,保持干干湿湿,促使稻苗壮秆旺根,以增强抗病力,减轻发病。

(3) 减少菌源　一是不用带菌种子。二是及时处理病稻草。不在秧田附近堆积病稻草,室外堆放的病稻草,春播前应处理完毕。不用病草催芽、捆秧把和搭棚。三是进行种子消毒。可用 20%三环唑可湿性粉剂 800～1000 倍液或 80%乙蒜素(抗菌剂 402)乳油 8000 倍液浸种 24～28 小时。

(4) 药剂防治　防治苗瘟或叶瘟要掌握在发病初期用药,及时消灭发病中心;防治穗颈瘟应在破口至始穗期施第一次药,然后根据天气情况在齐穗期施第二次药。药剂可选 33%嘧菌酯＋苯醚甲环唑(阿米妙收)1500 倍液喷雾;或用 75%肟菌·戊唑醇(拿敌稳)2500 倍液喷雾;或每 667 平方米用 20%三环唑可湿性粉剂 75～100 克,喷药 1 小时后遇雨不需补施;或 40%稻瘟灵(富士 1 号)乳油 70～75 毫升,兑水 50～75 公斤喷雾。

(二) 稻纹枯病

1. 发病规律　纹枯病病菌主要以菌核在土壤中越冬,也能以菌核和菌丝在病稻草、田边杂草及其他寄主上越冬。水稻收割时大量菌核落入田中,成为次年或下季的主要初侵染源。春耕灌水、耕田后,越冬菌核漂浮于水面。插秧后菌核附着在稻株基部的叶鞘上,在适温条件下,萌发长出菌丝在叶鞘上扩展延伸,并从叶鞘缝隙进入叶鞘内侧,从叶鞘内侧表皮气孔侵入或直接穿破表皮侵入。病部长出的气生菌丝通过接触对邻近稻株进行再侵染。一般在分蘖盛期至孕穗初期主要在株、丛间横向扩展,亦称水平扩展,导致病株率增加。其后再由下位叶向上位叶垂直扩展。条件适宜时,矮秆品种上升一个叶位只要 2～3 天,至抽穗前后 10 天达到高峰期。病部形成的菌核脱落,随水流传播附着在稻株叶鞘上萌发,可进行再侵染。

上年发病重的田块,田间遗留菌核多,下年的初侵染菌源数量大,稻株初期发病较重。

纹枯病属于高温高湿型病害。温度在 22℃以上,相对湿度达 90%以上即可发病,温度在 25～31℃之间,相对湿度达 97％以上时发病最重。

长期深灌,田间湿度偏大,有利于病害发展。氮肥施用过多、过迟,造成水稻生长过旺,田间郁闭,既有利于病菌扩展,又降低了水稻自身抗病力,有利于发病。

不同水稻品种对纹枯病的抗性有一定差异,但没有高抗或免疫的品种。一般而言,糯稻比粳稻感病,粳稻比籼稻感病,杂交稻比常规稻感病,矮秆阔叶品种比高秆窄叶品种感病。

2. 综防措施

（1）打捞菌核,减少初侵染菌源 在春耕灌水、耕田及大田插秧前打捞田边、田角的浪渣,带出田外深埋或烧毁,可清除飘浮在浪渣中的菌核。

（2）加强肥水管理 合理施肥,实行氮、磷、钾配合施肥,避免氮肥过多、过迟。科学用水,做到前期浅灌,适时晒田,浅水,后期湿润,不过早脱水,不长期深灌。

（3）药剂防治 掌握在病害由水平扩展向垂直扩展的转折阶段进行,一般在水稻分蘖末期丛发病率达 15％,或拔节至孕穗期丛发病率达 20％的田块用药防治。目前防治纹枯病效果好的有 5％井冈霉素,每亩用量为 100～150 毫升,加水60～75 千克喷雾;30％苯醚甲环唑·丙环唑(爱苗)每亩用量分别为 15 毫升,加水45 千克喷雾。爱苗在水稻上使用,能促进水稻生长,后期青秆黄熟,从而提高产量和品质。

（三）稻白叶枯病

1. 发病规律 稻叶白枯病的初侵染源,新稻区以带菌种子为主,老病区以病稻草为主。此外,病菌在稻桩、再生稻、杂草及其他植物上也能越冬并传病。在病草、病谷和病稻桩上越冬的病菌,至翌年播种期间,一遇雨水,便随水流传播到秧田,由芽鞘或基部的变态气孔、叶片水孔或伤口侵入。病苗或带菌苗移栽本田,发展成为中心病株;或病菌随水流入本田,引起本田稻株发病。新病株上溢出的菌脓,借风雨飞溅或被雨水淋洗后随灌溉水流传播,不断进行再侵染,扩大蔓延。

白叶枯病的发生、流行与病菌来源、气候条件、肥水管理和品种抗病性等都有密切关系。在菌源量充足的前提下,气温在 25～30℃,相对湿度 85％以上,多雨、日照不足、常刮大风的气候条件下病害易发生流行。每当台风、暴风雨袭击或洪涝之后,病害往往在几天之内暴发成灾。凡长期深灌或稻株受淹,发病严重。偏施氮肥,稻株贪青徒长,株间通风透光不良,湿度增高,有利于病菌繁殖,加重病害。水稻品种对白叶枯病抗性差异很大,一般糯、粳稻比籼稻抗病,窄叶挺直品种比阔叶披垂品种抗病,叶片水孔少的品种比水孔多的品种抗病。

2. 综防措施 防治白叶枯病应在控制菌源的前提下,以种植抗病品种为基础,秧苗防治为关键,狠抓肥水管理,辅以药剂防治。

（1）选用抗病良种 常发病区应因地制宜地选用抗病良种,这是防治白叶枯病的经济而有效的措施。各地从国际水稻所选育出来的优良品种和杂交组合,很多对白叶枯病具有良好的抗性。

(2) 减少菌源 处理好病草,不用病草扎秧把、覆盖秧田。建立无病留种田,以杜绝种子传病。种子消毒方法有:80%乙蒜素(抗菌剂 402)乳油 2000 倍液浸种 48～72 小时;10%叶枯净可湿性粉剂 200 倍液浸种 24～48 小时;85%强氯精(三氯异氰尿酸)300 倍液浸种 24 小时,洗净后再浸种催芽。

(3) 培育无病壮秧 选择背风向阳、地势较高、排灌方便、远离屋边晒场和上年病田的田块育秧。加强秧田管理,实行排、灌分家,防治大水淹苗。在病区要做好秧田防治工作,一般在三叶期和拔秧前 5 天左右各喷药 1 次。

(4) 加强肥水管理 合理施肥,后期慎用氮肥,科学管水,不串灌、漫灌和淹苗。

(5) 药剂防治 大田期,发现发病中心应立即用药封锁。在台风、暴风雨或大水淹苗后,都要及时全田喷药防治。选用 20%噻菌酮 500 倍液喷雾。

(四) 稻螟虫

1. 发生规律

(1) 生活史及习性 二化螟在浙江省,一年发生三四代,以幼虫在稻根、稻草、茭白等处越冬。幼虫生活力强,翻入泥下稻根中的二化螟,春暖后能爬出侵入蚕豆、油菜等植株为害。由于越冬地方多,所以第一代蛾发生极不整齐,一般茭白的春花田稻根中的幼虫化蛹羽化较早,其次是稻草中的幼虫和侵入油菜、蚕豆等植株中的幼虫。蛾有趋光和喜欢在叶宽、秆粗、生长嫩绿的稻田里产卵的习性。

卵块在水稻苗期多数产在叶面上,圆秆拔节以后大多产在叶鞘上。初孵幼虫,先侵入叶鞘中为害,造成枯鞘,到二、三龄后才蛀入茎秆,造成枯心苗、白穗和虫伤株。在水稻幼苗期,初孵幼虫一般分散为害或几条幼虫为害一叶鞘;在大苗或孕穗期,一般先集中为害,数十条至百余条集中在一株稻苗上,发育到三龄以后才转株分散为害。幼虫老熟后,即在叶鞘或稻茎内结薄茧化蛹。

(2) 发生条件 稻螟的发生受耕作制度、水稻品种、栽培管理、气候条件及天敌等因素的综合影响。

① 耕作制度:不同的水稻耕作制度影响到水稻易受螟害的生育期与蚁螟盛孵期相配合的情况,及有效虫源田和世代转化的桥梁田,从而决定了螟虫种群的盛衰和为害程度的轻重。三化螟是单食性害虫,因此其发生与耕作制度的关系极为密切。

水稻耕作制度由单纯改向复杂,三化螟种群趋向繁荣,二化螟种群随之趋向凋落;耕作制度由复杂改为单纯,则相对地有利于二化螟而不利于三化螟的发生。

② 水稻品种:一般粳稻比籼稻有利于三化螟的发生,籼稻比粳稻适合二化螟的发生,杂交稻上二化螟、大螟发生较重。

③栽培管理:因品种混杂,管理不当,追肥过多过迟,以致水稻生长参差不齐,

抽穗期拉得长,螟害就会加重。

④ 气候条件:温度对螟虫发生期的影响较大。当年春季气温偏高,越冬代螟蛾发生较早,反之则推迟。湿度和雨量对螟虫发生量影响较大,三化螟越冬幼虫化蛹阶段,如果经常阴雨,越冬幼虫死亡率高。二化螟化蛹期和幼虫孵化期遇暴雨,田间积水深,会淹死大量蛹和初孵幼虫,减少发生量。

⑤ 天敌:稻螟的天敌很多,螟卵、幼虫、蛹都有多种寄生蜂寄生。此外,幼虫、蛹还有多种寄生菌和线虫寄生。捕食性天敌如蜘蛛、青蛙、鸭等,对抑制螟虫都有一定的作用。

2. 综防措施

(1) 农业防治　因地制宜,合理布局,力求连片单一种植,尽量避免混栽,以减少螟虫辗转为害。注意选用抗虫良种,提高种子纯度和缩短栽秧期,科学肥水管理,促使水稻生长正常,成熟一致,缩短易受害的危险期。早、中、晚稻收获后,及时翻耕、灌水、淹没稻桩,杀死稻桩内幼虫,并及早处理稻草,以压低发生基数。

(2) 人工物理防治　如点灯诱蛾、摘除卵块、拔除枯心苗、拾毁稻桩等措施。

(3) 生物防治　严禁捕杀蛙类、蟾蜍,保护卵寄生蜂等天敌。

(4) 药剂防治　选择高效、低毒、低残留的农药防治,如氯虫苯甲酰胺(康宽)、氟虫双酰胺(垄歌)、氯虫·噻虫嗪(福戈)、氟虫双酰胺·阿维(稻腾)、阿维·毒死蜱。施药时应保持浅水层。

(五) 稻飞虱

1. 发生规律

(1) 生活史及习性

① 褐飞虱:我国海南岛南部和云南省最南部褐飞虱可终年发生。其越冬北界在北纬21°~25°。褐飞虱是一种季节性远距离迁飞昆虫,我国常年可出现5次自南向北迁飞,3次自北向南回迁。故我国大部分稻区的初期虫源主要由南方迁飞而来。

褐飞虱的发生世代数自北至南有1~12代,其中江苏、浙江、湖北、四川等省1年发生4~5代,湖南、江西、福建1年发生6~7代,广东、广西南部1年发生10~11代,海南岛1年发生12代。由于褐飞虱产卵期长,田间发生世代重叠。在浙江,第一代长翅成虫于每年的5月底至6月下旬在早稻田和晚稻秧田中首先出现,这批长翅成虫便在早稻田和晚稻秧田中产卵、繁殖后代,部分早发生的个体,能在这些稻田中繁殖一代,此时由于虫口少,为害不重,经过收早稻、种晚稻,大部分在早稻田里羽化的第二代长翅成虫和部分短翅成虫及若虫,就迁移到早插的晚稻本田和迟种的插大秧的晚稻秧田里,继续产卵繁殖,所以早插晚稻田和迟种的插大秧的晚稻田(由卵随秧苗带入)虫口一般较多,受害较重。在单双季稻混栽地区,单季中、晚稻田受害也重。一年中,以9月中旬到10月中旬发生的第四代(习惯称第五代)虫口数量最多,为害最重,此时,晚稻尚处在孕穗到蜡熟阶段,损失也大。一般夏秋多雨,盛夏不热,晚秋不凉,有利于褐飞虱的发生为害。

褐飞虱喜阴湿环境,成虫、若虫栖于稻丛下部取食为害,穗期以后,逐渐上移。成虫、若虫都不很活泼,如无外扰,很少移动,受到惊扰就横行躲避,或落水面、或飞(跳)到他处。成虫有趋嫩习性,趋光性强。长翅型成虫起迁飞扩散作用,短翅型成虫则定居繁殖。短翅型成虫产卵前期短、产卵历期长、产卵量高,因此短翅型成虫的增多是褐飞虱大发生的征兆。

卵成条产于叶鞘肥厚部分。在老的稻株上也有产在叶片基部中肋和穗颈下方的茎秆上。产卵痕最初呈长条形裂缝,不太明显,以后逐渐变为褐色条斑。

② 白背飞虱:白背飞虱的越冬北界是北纬26°,在我国广大稻区的初期虫源也主要由热带地区迁飞而来,其迁入期比褐飞虱早。在浙江,白背飞虱第一代长翅成虫一般于5月中、下旬在早稻本田中出现,经过一至二代的繁殖,到7~8月间就能繁殖大量虫口,所以在早稻后期,单季中、晚稻分蘖期,连作晚稻秧田以及早插的杂交稻连晚受害较重,尤以迟熟早稻和单季中、晚稻为甚。有些年份局部地区9月间发生量也很大,对晚稻特别是杂交晚稻,造成较重的为害。

白背飞虱的习性与褐飞虱相似。成若虫在稻株栖息的部位比褐飞虱略高,并有部分低龄若虫在幼嫩心叶内取食。

③ 灰飞虱:灰飞虱的抗寒力和耐饥力较强,在我国各稻区均可安全越冬,是3种飞虱中发生最早的一种,主要为害秧田和本田分蘖期的稻苗,其传毒为害所造成的损失,远大于直接为害。

在浙江,灰飞虱一年发生5~6代,主要以三至四龄若虫在麦田、草子田以及田边、沟边等处的看麦娘等禾本科杂草上越冬,稻田出现远比褐飞虱、白背飞虱早。越冬若虫一般在3月中旬至4月中旬羽化,于5月中下旬至6月上旬大量转移到稻田为害,成为水稻初侵染源,形成秧田及早栽大田条纹叶枯病的第一个发病高峰。

(2) 发生条件

① 虫源:褐飞虱和白背飞虱是迁飞性害虫,影响发生的首要条件是迁入虫量的多少,如果虫源基地有大量虫源,迁入季节又雨日频繁,雨量越大,降落的虫量就越多;灰飞虱则决定于当地虫源。在一定的虫源基数下,充足的食料和适宜的气候条件有利于飞虱的繁殖。天敌及良好的栽培管理对飞虱也有一定的控制作用。

② 气候:褐飞虱喜温暖高湿,生长发育的适温为20~30℃,最适温度为26~28℃,最适相对湿度在80%以上。长江中下游地区"盛夏不热,晚秋不凉,夏、秋多雨"是褐飞虱大发生的气候条件。

白背飞虱对温度的适应范围比褐飞虱广,在15~30℃温度范围内都能正常生长发育。在浙江稻区,若初夏多雨,盛夏干旱,发生为害就较重。

灰飞虱耐寒怕热，最适宜的温度在 25℃ 左右，冬、春温暖少雨有利于其发生。

③ 天敌：稻飞虱的天敌种类很多，寄生于卵的有稻飞虱缨小蜂、褐腰赤眼蜂等；寄生于成虫的有稻虱螯蜂、稻虱线虫等。捕食性天敌有黑肩绿盲蝽、蜘蛛、步甲等。

2. 综防措施

（1）农业防治　因地制宜地选用抗（耐）虫品种。科学肥水管理，推行配方施肥，避免氮肥过多，防止贪青徒长。适时搁田，恶化稻飞虱生境，减轻为害。

（2）生物防治　稻飞虱各虫期的天敌有数十种之多，因而应注意合理使用农药，保护利用天敌。另外，人工搭桥助迁蜘蛛和稻田放鸭食虫，对稻飞虱的防治有显著作用。

（3）药剂防治　根据水稻品种类型和虫情特点，各地应确定主害代进行防治，并确定相应的防治策略。如浙江省对褐飞虱采取的防治策略为"压前控后"压基数，治好当代保丰收。对白背飞虱采取的防治策略为"挑治迁入代，主攻主害代"。对灰飞虱采取的防治策略为"狠治一代，控制二代"。

一般在低龄若虫高峰期，在低龄若虫高峰期用药，药剂可选用：25％ 噻虫嗪（阿克泰）每 667 平方米 6 克、或 25％ 吡蚜酮每 667 平方米 25 克、兑水 50 千克喷雾，或 10％ 烯啶虫胺 1000 倍液喷雾。

施药时要先灌满水，抬高稻飞虱的栖息位置，药液要均匀喷撒到稻丛基部。

（六）稻纵卷叶螟

1. 发生规律　稻纵卷叶螟是迁飞性害虫。一年发生代数由北向南递增，为 1～11 代不等。初发代由南向北迁飞。

成虫有趋光性、强趋荫蔽性，并喜吸食植物的花蜜和蚜虫的蜜露作为补充营养。喜选择生长嫩绿、叶片宽软的稻田产卵，卵多散产于水稻中、上部叶片。幼虫孵化后就能取食，初孵幼虫取食心叶或嫩叶鞘叶肉，被害处呈针头大小半透明的小白点。二龄后开始在叶尖或叶片的上、中部吐丝，缀成小虫苞，三龄虫苞长度超过 1.3 厘米，纵卷稻叶，三龄以后有转移为害的习性。老熟幼虫多在稻丛基部黄叶、老叶鞘内化蛹。

稻纵卷叶螟的发生与虫源基数、气候、水稻品种及长势、天敌等有关。

稻纵卷叶螟在周年繁殖区以本地虫源为主，发生轻重主要由上代残留虫量决定；在其他稻区，则取决于迁入虫源的数量。

适温（22～28℃）、高湿适宜其发生。温度高于 30℃ 或低于 20℃，或相对湿度低于 70％，则均不利于发育。

凡早、中、晚稻混栽地区，水稻生育期参差不齐，为各代提供了丰富的食料，繁殖率和成活率相应提高，稻纵卷叶螟发生量大；一般籼稻的虫量大于粳稻，矮秆阔叶嫩绿的品种，虫量最为集中。此外，肥水管理不当，偏施氮肥，过于集中施肥，都有利于稻纵卷叶螟繁殖为害。

稻纵卷叶螟天敌种类很多,卵期有赤眼蜂,幼虫期有绒茧蜂,蛹期有寄蝇、姬蜂,此外还有螨类、蜘蛛、步甲等捕食性天敌。

2. 综防措施

(1)农业防治 选用抗虫高产良种,合理施肥,科学用水,在化蛹高峰期灌深水灭蛹。

(2)生物防治 在稻纵卷叶螟产卵始盛期释放赤眼蜂,在幼虫盛发期喷施杀螟杆菌液、Bt 乳剂等生物农药。

(3)药剂防治 防治稻纵卷叶螟的技术关键是用药时期要准,水量要足,喷雾均匀。当田间出现新的小虫苞时,大约在蛾峰后一周左右,开始用药。药剂可选用40%氯虫·噻虫嗪(福戈)3500 倍液,或 20%氟虫双酰胺(垄歌)3500 倍液,或 10%氟虫双酰胺·阿维(稻腾)1500 倍,或每 667 平方米用 20%氯虫苯甲酰胺(康宽)10毫升兑水 40 千克喷雾。

防治适期内如遇阴雨天气,必须抓紧雨停间隙用药,不能延误,施药时,田间应保持 3～7 厘米浅水层 3～4 天。

(七)稻曲病

1. 发病规律 稻曲病主要在抽穗扬花期发生,气候条件、田间湿度、氮肥施用情况对病害发生轻重影响很大。晚稻抽穗扬花期如遇持续阴雨天气,将有利于病菌的侵染与繁殖,病害将发生重。田间湿度大,露重且上午露水干得迟的情况下发生较重。施用氮肥过量、过迟,叶片生长宽大而披垂,田间荫蔽,通风、透光性差,稻株氮碳比失调,抗性下降,容易发病且程度加重。此外,水稻品种着粒密度对病害发生也有影响,一般着粒密的品种,谷粒上露水不易干,发生重而普遍,而着粒稀的品种,谷粒上结水时间较短,通常发生较轻或发生时间偏晚。杂交稻因其生长旺盛、叶色浓绿、郁闭且开花时颖壳张开时间稍长,有利于病菌入侵,发生程度要重些。

2. 综防措施

(1)选用抗病品种 因地制宜选择抗性品种。

(2)种子消毒 稻曲病可通过种子传播,应尽量不用已染病的稻种。浸种时用 500 倍强氯精液浸种消毒 10～12 小时,或播种前每 100 千克种子用 15%粉锈宁可湿性粉剂 300～400 克拌种。

(3)加强田间肥水管理,促生长健壮 水稻生长期间应合理施肥,增施磷、钾肥,促生长稳健,增强抗性;尤其要慎重施用氮肥,避免氮肥施用过量、过迟,以免贪青晚熟。水浆管理应干干湿湿灌溉,防止长期深灌。

(4)药剂防治 选择 15%苯醚甲环唑＋15%丙环唑(30%爱苗),在水稻抽穗前(孕穗-破口期)5～7 天和抽穗后(齐穗扬花期)5～7 天各喷一次,每 667 平方米用 30％爱苗乳油 15～20 毫升兑水 40～50 千克。或 75％肟菌・戊唑醇(拿敌稳)，在孕穗末期和齐穗期各喷一次，每 667 平方米用 10～15 克兑水 40～50 千克。

(八) 水稻条纹叶枯病

1. 发病规律　水稻条纹病毒仅靠介体昆虫传染，其他途径不传病。介体昆虫主要为灰飞虱，一旦获毒可终身并经卵传毒。灰飞虱在病稻株上一般吸食 30 分钟以上，并需要经过一段循回期才能传毒，循回期 4～23 天，一般在 10～15 天。病毒侵染禾本科的水稻、小麦、大麦、燕麦、玉米、粟、黍、看麦娘、狗尾草等 50 多种植物。但除水稻外，其他寄主在侵染循环中作用不大。病毒主要在带毒灰飞虱体内越冬，部分在大、小麦及杂草病株内越冬，成为翌年发病的初侵染源。在大、小麦田越冬的若虫，羽化后在原麦田繁殖，然后迁飞至早稻秧田或本田传毒为害并繁殖，早稻收获后，再迁飞至晚稻上为害，晚稻收获后，迁回冬麦上越冬。水稻在苗期到分蘖期易感病。叶龄长潜育期也较长，随植株生长抗性逐渐增强。条纹叶枯病的发生与灰飞虱发生量、带毒虫率有直接关系。春季气温偏高，降雨少，虫口多、发病重。以小麦为前作的单季晚粳稻发病重。近几年此病在江苏、浙江迅速上升的原因主要有四个方面：一是感病品种的推广；二是种植业结构调整，传毒昆虫灰飞虱桥梁寄主增多，发生量加大；三是轻型栽培技术的推广，稻田套播麦、麦田套播稻技术的扩大推广，使灰飞虱生存条件改善，有利于其发生；四是气候条件有利，连续几年暖冬的气候，有利于灰飞虱越冬，一代发生量加大。

2. 综防措施

防治策略：水稻条纹叶枯病的防治应以选育抗病品种等农业防治为基础，药剂治虫防病为重点的综合治理对策。在做好中长期测报的基础上，采取"切断毒链、治虫防病、综合治理"的防治策略。抓住秧田期和本田期关键环节，科学选用对口药剂，持续控制传毒危害。

(1) 农业防治　选育和推广抗(耐)病品种；适当推迟同期播种，避开灰飞虱迁移传毒高峰；秧苗期控氮稳磷增钾科学肥水，提高水稻植株抗病能力。

(2) 秧苗期和本田初期防治

① 防治适期与防治对象田确定：秧苗期 2 叶期至本田移栽后 20 天左右为防治适期。在检测越冬代、一代灰飞虱带毒率基础上，根据稻作、品种、生育期划分类型田，每类型查 3 块田，秧田每块田查 5 点，每点 0.15 平方米，本田每块田查 50 丛，计算灰飞虱虫口密度。当查到灰飞虱有效虫量达到防治指标时(2～3 头/平方米)，即应用药防治。

② 药剂防治方法：治虱防病药剂一般要求击倒快、杀伤力强、高效低毒，可用 40％毒死蜱每 667 平方米(亩)100 毫升或 25％吡蚜酮每 667 平方米(亩)20 克，兑水 50 千克喷雾防治。

③ 防治质量：水稻条纹叶枯病的防治关键在于灰飞虱带毒虫迁移盛期对处于

侵染敏感期的秧苗进行施药保护。在灰飞虱发生量大、带毒率高、迁移持续时间长，应连续防治3～4次，每次间隔5～6天。喷药时要求做到药量恰当，喷雾器有足够的压力，施药方法合理，施药期间保持田水，提高防治效果。施药后要求及时开展田间检查，因降雨等原因影响防治效果的还需做好补治工作。

④ 补救措施：对发病较重田块，采取拔除病丛（株），补栽健苗方法，科学施肥，减少产量损失；在水稻发病初期，使用宁南霉素（菌克毒克）、氯溴异氰尿酸等病毒钝化剂防治1～2次，或在发病前或发病初期，用烯·羟·吗啉胍（克毒宝）防治，可减轻水稻发病。

（九）油菜菌核病

1. 发病规律　病菌以菌核在土壤中或混杂在种子、病残体内越冬。混杂在种子和病残体中的菌核，随着施肥、播种撒落在土壤中。第二年春，气候温暖潮湿，菌核萌发产生子囊盘，放出大量子囊孢子，随风传播，为害油菜。子囊孢子不能直接侵染健壮的茎、叶，但很容易侵染老叶和花瓣，所以最早发病的是基部老黄叶和花瓣。油菜菌核病在田间通过菌丝进行再侵染。菌丝再侵染有两个途径，一是脱落的带病花瓣与叶片、茎秆接触，菌丝蔓延到叶片或茎秆上，引起发病，二是病叶与健叶、茎秆接触，病叶上的菌丝直接蔓延而使之发病。连作地或土壤、肥料和种子所带菌核量多的，病害就重；油菜开花期与菌核萌发子囊盘吻合的时间越长，病害发生越严重。此外，播种过密、偏施氮肥、地势低洼、排水不良、早春遭受冻害的田块发病重。

2. 综防措施

应以农业防治为重点，抓紧花期用药剂防治。

（1）农业防治

① 轮作：以水稻与油菜轮作，防病效果好。轮作年限应在两年以上。

② 种子处理：播种前，先筛去混杂在种子中的粗大菌核，然后用5％～10％的盐水选种，除去上浮的瘪粒和菌核。

③ 摘除老、黄叶：油菜菌核病扩展期清除老黄脚叶，可以减少病菌侵染，去除传播桥梁。

④ 加强田间管理：秋季深耕深翻，深埋菌核。注意开沟排水，合理施肥，防止倒伏，保持田间通风透光。

（2）药剂防治

在始花期到终花期喷药2次，可选用25％咪鲜胺1500～2000倍液喷雾或50％咪鲜胺锰盐1500～2000倍液喷雾。

施药时应注意喷在油菜中下部茎叶上（特别是主茎上），以提高防治效果。

（十）油菜霜霉病

1. 发病规律　病菌以卵孢子随病残体在土壤中、粪肥里和种子内越夏。当油菜播种出苗后,卵孢子随雨水飞溅到叶片上,萌发侵入,引起初侵染。病菌以菌丝体在病组织内越冬。第二年春季气温回升,病部长出大量孢子囊,借风、雨传播为害。在一个生长季节中,孢子囊可以产生很多次,不断引起再侵染,油菜收获时又以病组织内产生的卵孢子越夏。

低温、多湿适宜病菌的萌发和侵入,高温、多湿适宜病菌的发展。因此春季时寒时暖、多阴雨,或偏施氮肥、地势低洼、排水不良的田块,发病就重。

2. 综防措施　应以农业防治为主,适当结合药剂防治。农业防治同油菜菌核病。药剂防治可选用68.75%氟菌·霜霉威(银法利),每667平方米用60～75毫升兑水50千克喷雾。

(十一) 棉花枯萎病和黄萎病

1. 发病规律　病田土壤、病残体、病种、带菌的棉籽壳和土杂肥以及其他寄主植物等都可成为病害的初侵染来源,其中带菌土壤尤为重要。两种病菌都能在土壤中营腐生生活,存活6～7年之久。第二年环境条件适宜时,病菌从根的表皮,根毛或根的伤口侵入寄主,以后在植株维管束内繁育,扩展到枝、叶、铃和种子等部位,最后病菌又随病残体遗留在土壤内越冬。病菌可通过带菌种子和棉籽壳、棉饼肥的调运作远距离传播;施带菌粪肥也能传病。在田间,病害还可借灌溉水、农具或耕作活动而传播。

棉花枯萎病的发生流行与品种抗病性、生育阶段以及土壤温、湿度关系十分密切,一般在土温20～27℃、土壤含水量60%～75%时,发病最重,所以6～7月份雨水多,分布均匀,枯萎病一般发生重。黄萎病的发生流行除上述因素外,还受雨日、雨量、空气相对湿度等的影响,特别是盛花期的雨日天数是该病发生流行的重要因素。此外,连作棉田、地势低洼、排水不良的棉田,大水漫灌、耕作粗放的棉田以及土壤线虫为害重的棉田两病发生均重。

2. 综防措施　棉花枯、黄萎病的防治策略是保护无病区,控制轻病区,消灭零星病区,改造重病区。

(1) 保护无病区　无病区必须严格执行植物检疫制度,杜绝病害从各种途径传入。不经检疫,不得擅自从病区调进棉种。必须引种时,应进行种子消毒处理,并经过试种、鉴定后,再大面积推广。

(2) 控制轻病区,消灭零星病区　轻病区应采取以轮作为主,零星病区采取以消灭零星病株为主的综合防治措施。在零星病区,特别是在棉花良种场,拔除病株后,对病点要进行土壤消毒处理,力求做到当年发现,当年消灭,扑灭一点,保护一片。每平方米可以用棉隆原粉70克拌入30～40厘米的土层中,然后用净土覆盖或浇水封闭。也可用二溴乙烷、DD乳剂、强氯精、沼液及农用氨水等进行土壤处理。

(3) 改造重病区　重病区应采用以种植抗病品种为主的综合防治措施。

① 种植抗病品种。

② 种子处理：棉籽经硫酸脱绒，用清水反复冲洗干净后，用 2.5％咯菌腈（适乐时）种子包衣处理（1 千克种子用 4～8 毫升）。

③ 实行轮作倒茬：在重病田采取玉米、小麦、高粱等与棉花轮作 3～4 年，对减轻病害有明显作用。有条件的地区实行稻棉水旱轮作效果更好。

④ 加强田间管理：适时播种。培育壮苗，勤中耕，增施磷、钾肥，用无病土育苗。

⑤ 药剂防治：棉花枯萎病发病初期，用 2.5％咯菌腈（适乐时）2000 倍液灌根或叶面喷雾。

（十二）棉铃虫

1. 发生规律　棉铃虫在全国 1 年可发生 3～7 代，由北向南逐渐增多。北方棉区每年发生 3～4 代，长江流域棉区每年发生 4～5 代，南方棉区则为 6～7 代。以蛹在土中越冬。成虫飞翔能力强，对黑光灯及杨树枝叶有趋性，也喜欢取食各种花蜜。卵散产，产卵对寄主有明显的选择性，在与春玉米间作的棉田里，春玉米上的卵量可比棉花多几倍。在嗜食寄主间，则有追逐花蕾期植物产卵的习性。产卵还有明显的趋嫩性和趋表性，即喜产在嫩尖、嫩叶、蕾、苞叶及玉米、高粱心叶上。初孵幼虫先吃卵壳，然后食害嫩尖、叶；二龄幼虫蛀食幼蕾；三、四龄以为害蕾花为主；五、六龄蛀食青铃。三龄前幼虫早晚常在叶面爬行，抗药力差，易被药剂杀死。

因此，防治棉铃虫应在卵孵盛期开始，把棉铃虫消灭在三龄以前。

棉铃虫在温度 25～28℃、相对湿度 75％～90％、雨量分布均匀情况下发生严重。暴雨对卵和幼虫有冲刷作用，土壤湿度过大对蛹羽化成虫不利，现蕾早、生长茂密的棉田，棉铃虫发生早而重。

棉铃虫捕食性天敌有草蛉、蜘蛛、瓢虫、小花蝽、猎蝽等，寄生性天敌有赤眼蜂、姬蜂、茧蜂和寄生蝇等。

2. 综防措施

（1）农业防治　在棉铃虫产卵盛期，结合田间整枝打杈，采卵灭虫，把打下的枝杈、嫩头和无效花蕾带出田外沤肥，可消灭卵和一、二龄幼虫。种植玉米诱集带，以诱集棉铃虫产卵，再采取措施消灭。冬、春深翻、灌水，减少虫源。种植抗虫棉，目前转 Bt 基因的抗虫棉已在生产上得到应用。

（2）生物防治　产卵盛期释放赤眼蜂，也可喷施核多角体病毒、Bt 乳剂。

（3）诱杀成虫　可用杨树枝把诱蛾、高压汞灯诱杀及性诱剂诱杀。

（4）药剂防治　在卵期或初孵幼虫期，对虫卵量达到防治指标的田块喷药防治。可选用虱螨脲（美除）、氯虫苯甲酰胺（康宽）、氟虫双酰胺（垄歌）、氯虫·噻虫嗪（福戈）、氟虫双酰胺·阿维（稻腾）、阿维·毒死蜱等药剂喷雾。

(十三) 棉叶螨(棉红蜘蛛)

1. 发生规律　棉红蜘蛛在我国东北地区 1 年发生 12 代,在长江流域以南发生 20 代以上。由北向南递增。北方棉区以雌成蛹聚集在枯叶、杂草根际、土缝或树皮缝隙中越冬,南方棉区除以雌成螨在上述场所越冬外,还可以若螨和卵在杂草、绿肥、蚕豆上继续繁殖过冬。翌年春天 5 日平均气温上升至 5~7℃便开始活动,先在越冬或早春寄主上繁殖 2 代左右,棉苗出土后再转移至棉田为害。每年发生严重时,东北、西北棉区在 7~8 月有 1 个发生高峰期,黄河流域棉区 6~8 月约有两个发生高峰期,长江流域和华南棉区 4 月下旬至 9 月上旬可有 3~5 个高峰期。棉株衰老后再迁至晚秋寄主上繁殖 1 代,当气温继续下降至 15℃以下时,便进入越冬阶段。

成螨主要以两性方式繁殖,少数孤雌生殖。卵多单粒散产于叶背。幼、若和成螨畏光,栖息于叶背。当发生数量较多时,叶背往往有稀薄的丝网。棉红蜘蛛主要通过爬行或随风扩散,也可随水流转移。因此其通常首先在毗邻沟渠、地头及虫源植物的田边点、片发生,然后逐渐向田中间蔓延,在植株上则由下部向上部扩散。干旱少雨有利其发生。与玉米、豆类、瓜类、芝麻等邻作或套作的棉田及豆后、油后棉棉叶螨发生重。

2. 综防措施

(1) 农业防治　冬耕、冬灌,冬、春清除杂草,消灭越冬棉叶螨。

(2) 药剂防治　棉田喷药应采取发现一株打一圈,发现一点打一片的办法,严格控制,不使扩散。药剂可选 24%螺螨酯(螨危)悬浮剂 4000~5000 倍液喷雾。

(十四) 玉米螟

1. 发生规律　玉米螟每年发生的世代数自北向南有 1~7 代不等。以老熟幼虫在寄主植物的秸秆、穗轴及根茬中越冬。成虫昼伏夜出,有趋光性,有趋向高大、嫩绿植株产卵的习性。卵多产在叶背靠主脉处。幼虫有趋糖、趋湿和负趋光性,多选择在玉米植株含糖量高,组织比较幼嫩,便于潜藏而阴暗潮湿的部位取食为害。在玉米心叶期,初孵幼虫群集在心叶内,取食叶肉和上表皮,被害心叶展开后形成透明斑痕,幼虫稍大后,可把卷着的心叶蛀穿,故被害心叶展开后呈排孔状。玉米抽雄后,幼虫蛀入雄穗轴并向下转移到茎内为害。在玉米穗期,幼虫除少数仍在茎内蛀食外,大部分转移到雌穗为害,取食花丝和幼嫩子粒,故玉米心叶末期,幼虫群集尚未转移前,为药剂防治玉米螟的关键时期。

玉米螟的发生与品种抗螟性、虫口基数、温度、湿度、天敌、栽培制度等密切相关。

研究表明,抗虫玉米心叶期植株中含有甲、乙、丙(又称丁布)3 种抗虫素,可抑制低龄幼虫的发育,甚至引起死亡。如农大 14 号、春杂 13 号,玉米螟初孵幼虫很难在其上存活。

玉米螟越冬代幼虫耐寒能力强,在零下20～零下30℃仍能存活,喜欢中温、高湿条件,高温、干旱是其发生的限制性因素。

玉米螟生长中的主要天敌是赤眼蜂,它是卵寄生蜂,在自然条件下对第二代玉米螟寄生率很高,除赤眼蜂外,还有小茧蜂、寄生蝇、白僵菌以及捕食性的瓢虫、草铃等。

2. 综防措施

(1) 农业防治　选用抗虫品种;处理秸秆,压低虫口基数;改进耕作制度,缩小春播玉米种植面积,扩大夏播玉米种植面积,切断第一代桥梁田。

(2) 生物防治

① 赤眼蜂治螟:每667平方米放1万～3万只,在始卵期施放,每隔5天放1次,共3次。

② 白僵菌治螟:将白僵菌粉(每克含孢子数100亿)与河沙按1:20比例混合制成颗粒剂,在玉米心叶期使用,撒于喇叭口内,每667平方米用3～5千克。

③ Bt乳制治螟:每667平方米用Bt乳剂15克同3.5千克细砂拌匀,制成颗粒剂,在心叶中期投入大喇叭口中。或在心叶后期,每667平方米用Bt乳剂150～200毫升加适量水,用飞机进行超低量喷雾防治(蚕区禁止使用)。

(3) 药剂防治　一般在玉米心叶末花叶株率达10%时集中防治1次,重发生年可在心叶中期加治1次。以用颗粒剂在心叶末期防治幼龄幼虫为主,并在穗期适当施药保护。常用药剂有0.5%辛硫磷颗粒剂、氯虫苯甲酰胺(康宽)、氯虫·噻虫嗪(福戈)、阿维·毒死蜱等。

(十五) 玉米大斑病和小斑病

1. 发病规律　两种病菌主要以菌丝及分生孢子在病残体上越冬,成为翌年初侵染源。种子上带的少量病菌也能越冬。越冬病组织上的病菌在条件适宜时产生分生孢子,借风雨传播,由玉米叶的气孔及表皮侵入发病,形成病斑。病部产生的分生孢子经传播,进行多次再侵染。

不同的品种对大斑病和小斑病的抗病性有显著差异。一般本地品种比国外引进品种抗病,当地培养的自交系比引进的自交系抗病,白粒型比黄粒型抗病。

中温(20～25℃)、高湿条件适合大斑病发生,高温(28～32℃)、高湿条件适合小斑病发生。在适宜条件下,病菌侵入后只要2～4天即完成一次侵染过程,出现症状。

2. 综防措施　采取以种植抗病品种为主,加强田间管理,减少菌源,并与药剂防治相结合的综合防治措施。

(1) 选育和推广抗病、高产品种　尽量压缩感病自交系和杂交种的播种面积。从外地引进的品种要进行抗病性鉴定。在生产实际中,还要注意病原生理小种的变化而引起的抗病性丧失问题。

（2）加强栽培管理，减少菌源　实行间作套种，适时早播，合理密植，勤中耕，科学管水，调节农田小气候使之不利发病。施足基肥，适时分期追肥，以促使植物生长健壮，提高抗病性。收获后清除田间的病株和落叶，及时进行翻耕，以减少来年病源。

（3）药剂防治　玉米抽雄灌浆期是药剂防治的关键时期。可选用70％丙森锌（安泰生）600倍举液，或10％苯醚甲环唑（世高）1000倍液，或43％戊唑醇2500倍液，或30％苯醚甲环唑·丙环唑（爱苗）3000倍液喷雾。由于大、小斑病通常在玉米生长后期流行，此期间的玉米植株高大，雨水又多，大面积用药技术还有待解决。药剂防治主要作为消灭大田发病中心，压低菌源，减轻发病的一项辅助措施。

◄◄◄ 复习题 ►►►

一、**单项选择**(将正确答案填入题内的括号中)

1. (　　　)综合防治是我国植保工作方针。
   A. 化防为主　　　　　　　　B. 预防为主
   C. 检疫为主　　　　　　　　D. 生防为主

2. 综合防治包含经济观点、综合协调观点、安全观点和(　　)观点。
   A. 生态　　　　　　　　　　B. 生产
   C. 环境　　　　　　　　　　D. 生存

2. 建立无病种苗繁育基地使用无病种苗属于(　　　)。
   A. 植物检疫　　　　　　　　B. 生物防治
   C. 物理机械防治　　　　　　D. 农业防治

3. 农业防治法具有作用时间长、(　　　)、安全、有效的优点。
   A. 简便　　　　　　　　　　B. 经济
   C. 速效　　　　　　　　　　D. 低毒

4. 用拍板或稻梳消灭稻苞虫，称(　　　)。
   A. 人工捕杀　　　　　　　　B. 诱杀
   C. 器械捕杀　　　　　　　　D. 阻隔法

5. 黑光灯的波长一般是330～400纳米，功率为(　　　)瓦。
   A. 40　　　　　　　　　　　B. 60
   C. 20　　　　　　　　　　　D. 100

6. 田间撒施毒谷诱杀蝼蛄称为(　　　)。
   A. 潜所诱杀　　　　　　　　B. 性诱剂
   C. 食饵诱杀　　　　　　　　D. 色板诱杀

7. 综合防治是(　　　)地应用必要措施将有害生物控制在经济允许水平以下。
   A. 适地适物　　　　　　　　B. 因地制宜

　　C. 因虫而宜　　　　　　　　　　　D. 因病而宜

　　8. 制定综合防治方案的原则中,有效是(　　)。

　　　　A. 关联　　　　　　　　　　　　B. 关键

　　　　C. 关系　　　　　　　　　　　　D. 关头

　　9. 综合防治某一乡镇的各种作物的病虫、草、鼠,即是以(　　),制定综合防治方案。

　　　　A. 个别有害生物为对象　　　　　B. 一种作物为对象

　　　　C. 整个农田为对象　　　　　　　D. 一种有害生物的生育期为对象

　　10. 防治二化螟,在化蛹高峰期可采取灌深水灭蛹,此方法属(　　)。

　　　　A. 生物防治　　　　　　　　　　B. 农业防治

　　　　C. 物理机械防治　　　　　　　　D. 植物检疫

　　11. 利用瓢虫控制蚜虫的发生与危害,称为(　　)。

　　　　A. 以菌治虫　　　　　　　　　　B. 微生物治虫

　　　　C. 以虫治虫　　　　　　　　　　D. 生物抑制

　　12. 防治稻瘟病,稻田灌水的原则是,保持稻田(　　),促使稻苗壮杆旺根,提高抗病力,减轻发病。

　　　　A. 串灌　　　　　　　　　　　　B. 漫灌

　　　　C. 长期深灌　　　　　　　　　　D. 干干湿湿

　　13. 小麦赤霉病发生最为普遍和严重的是(　　)。

　　　　A. 苗腐　　　　　　　　　　　　B. 基腐

　　　　C. 秆腐　　　　　　　　　　　　D. 穗腐

　　14. 灰飞虱主要为害秧田和本田分蘖期的秧苗,其传毒为害所造成的损失(　　)直接为害。

　　　　A. 大于　　　　　　　　　　　　B. 小于

　　　　C. 等于　　　　　　　　　　　　D. 接近

　　15. 黑光灯对许多害虫有很强的激应性,诱集效果好,在田间应悬挂在比一般作物(　　)的地方,漏虫斗下设置毒瓶。

　　　　A. 稍低　　　　　　　　　　　　B. 稍高

　　　　C. 平齐　　　　　　　　　　　　D. 无要求

二、判断题(正确的填"√",错误的填"×")

　　1. (　　)水旱轮作可以减轻一些土传病害和地下害虫的为害。

　　2. (　　)病虫防治方法多种多样,但没有一种方法是万能的,因此必须综合应用。

　　3. (　　)农业防治对有害生物的控制以预防为主,甚至可能达到根治。

　　4. (　　)利用黄牌诱杀蚜虫和粉虱,属于物理的机械防治法。

5. （　　）常见的捕食性天敌昆虫如瓢虫、草蛉、食蚜蝇、胡蜂、步甲、食虫蝽等。

6. （　　）寄生性天敌昆虫大多数属于膜翅目和双翅目，即寄生蜂和寄生蝇。

7. （　　）一般来说，化学防治仍是植物害虫防治的一项重要措施。

8. （　　）抗病品种不需要提纯复壮。

9. （　　）叶片水孔少的品种比水孔多的品种抗白叶枯病。

10. （　　）"夏秋多雨，盛夏不热，晚秋不凉"是浙江省褐飞虱大发生的气候条件。

11. （　　）防治二化螟，在化蛹高峰期可采取灌深水灭蛹。

12. （　　）防治稻纵卷叶螟在防治短期内如遇阴雨天气，必须抓紧雨停间隙用药，不能延误。

13. （　　）种植玉米诱集带，以诱集棉铃虫产卵，再采取措施消灭。

14. （　　）药剂防治棉铃虫应在卵孵盛期开始，把棉铃虫消灭在三龄以前。

15. （　　）中温、高湿条件适合小斑病发生，高温、高湿条件适合大斑病发生。

第四章 农药(械)使用

第一节 准备农药(械)

一、学习目标

1. 掌握选用农药的基本原则。
2. 掌握辨别常用农药外观质量的方法。
3. 了解农药的基本知识。

二、选用农药的基本原则

农药的种类很多,不同农药防治对象不同,同一种农药也有多种剂型,不同的剂型在使用方法和效果方面差异也较大。因此,要根据防治对象、防治要求合理选择农药产品。如果选用不当,不仅达不到防治病、虫、草、鼠害和保护农作物的目的,反而有可能使作物产生药害,甚至对环境造成污染或影响人、畜健康。

选择农药一般应遵循安全、有效、经济的原则。安全主要包括防止人、畜中毒,避免作物药害,控制农药残留和保护有益生物;有效,主要指防治效果好;经济,主要指选用农药应讲经济效益,力求以最小的投入获得最大的收益。要达到上述目的,一般应做好以下几点:

1. 对症下药 首先要明确防治对象,根据防治对象选择农药,根据农药确定施药器械。

2. 选择高效、低毒、低残留的农药 多种农药或一种农药的不同剂型,均对防治对象有效,应选择用量少、防效高、毒性低、在食品和环境中残留量低、残留时间短的农药。

3. 选择价格合理的农药 选择农药要考虑产品价格,但并不等于价格低的农药就经济合算。除了价格本身外,还要考虑到单位面积的施药量和持效期等多种因素。持效期长,在整个作物生长季中的施药次数就少,用药成本就低;反之费用就高。

三、常用农药外观质量辨别

根据农药施用技术方案的要求首先到正规的商店购买农药,即应到国家指定的农药经营部门购买,也就是到农资公司、植保部门、农业技术推广部门、农药生产厂的直销部门和国务院规定的其他农药经营部门购买农药。同时在购买时必须对农药的外观质量从以下几方面进行初步的辨别。

(一) 查看标签

检查标签的重点,一是农药商品标签上是否标有"三证",即农药登记证号、农药生产许可证或批准文件号和农药标准号;二是查看生产日期和有效期。按我国规定,农药的有效期一般为 2 年,过期农药质量很难保证。

(二) 检查农药包装

看包装是否有渗漏、破损;看标签是否完整,内容、格式是否齐全、规范,成分是否标注清楚。

(三) 从外观上判断农药质量

农药因生产质量不高,或因贮存保管不当,如外观上发生以下变化,说明农药质量有问题,就可能造成农药减效、变质或失效:

1. 粉剂或可湿性粉剂农药出现药粉结块、结团,说明药粉已受潮。
2. 乳油农药有分层、浑浊或有结晶析出,而且在常温下结晶不消失。
3. 液剂农药静放后浑浊不清,有沉淀或絮状物。
4. 颗粒剂农药药粉脱落很多,或药粒崩解很重,包装袋中积粉很多。

四、农药的基本知识

农药是指用于预防、消灭或者控制危害农业、林业的病、虫、草和其他有害生物以及有目的地调节植物、昆虫生长的化学合成或者来源于生物、其他天然物质的一种物质或者几种物质的混合物及其制剂。

(一) 农药名称

农药的名称是它的生物活性即有效成分的称谓。通常一种农药有以下几种名称:

1. 化学名称 是按有效成分的化学结构,根据化学命名原则定出化合物的名称。化学名称可明确地表达化合物的结构,根据名称可以写出该化合物的结构式,但因其专业性强,文字长而繁琐,使用很不普遍。国内农药产品的标签上,一般只有商业名称和中文通用名称,但国外农药标签和使用说明书上常列有该名称。

2. 通用名称 是标准化机构规定的农药生物活性有效成分的名称。一般是将化学名称中取几个代表化合物生物活性部分的音节组成。经国际标准化组织(简称 ISO)制定并推荐使用的国际通用名称;中文通用名称是由中国国家标准局颁布，在中国国内通用的农药中文通用名称。

3. 商品名称　农药商品名称是农药生产厂家为区别于其他厂家产品，满足商品流通和市场竞争的需要，为其产品在农药部门注册的名称。经审核批准的商品名称具有独占性，未经注册厂家同意，其他厂家不能使用该商品名称。

2008 年 1 月 8 日，农药商品名称被取消，农药名称一律使用通用名称或是简化通用名称。自 2008 年 7 月 1 日起，农药生产企业生产的农药产品一律不得使用商品名称。

（二）农药剂型

未经加工的农药称为原药。固体状态的原药称为原粉，液体状态的原药称为原油。除极少数农药原药不需加工可直接使用外，绝大多数原药都要经过加工成含有一定有效成分，一定规格的制剂才能使用。将原药与填充剂或辅助剂一起经过加工处理，使之具有一定组分和规格的农药加工形态，称之为农药剂型。经过加工后的农药的总称即为农药制剂，它包括有效成分含量、原药名称及剂型名称 3 部分。一种剂型可以制成多种不同用途、不同含量的制剂。农药的加工对提高药效、改善药剂性能、稳定质量和降低毒性等方面，都起着重要的作用。

目前，我国常用的农药制剂中主要剂型有粉剂、可湿性粉剂、乳油、颗粒剂 4 种类型。其他如乳粉、可溶性粉剂、悬浮剂、水分散粒剂、水剂、种衣剂、微胶囊剂、烟剂、片剂、熏蒸剂、气雾剂等剂型，近些年有所增加。另外，还出现一些新剂型，如热雾剂、展膜油剂、撒滴剂、桶混剂等。

1. 粉剂（DP）　是由一种或多种农药和陶土、黏土等填料，经过机械粉碎加工、混合而制成的粉状混合物，其细度要求 95％通过 200 号筛，即粉粒直径小于 74 微米，平均粒径 30 微米。粉剂不易被水湿润，也不能分散和悬浮在水中，所以不能加水喷雾施用。一般低浓度粉剂都是直接作喷粉使用，高浓度的粉剂可作拌种、土壤处理或制作毒饵等。

粉剂的优点是使用方便，工效高，不受水源限制，用途广泛。但喷粉时药粉易飘移，污染周围环境，不易附着作物体表，用量大，残效期短。

2. 可湿性粉剂（WP）　是由原药和填料（陶土或高岭土）及湿润剂，按一定比例混合，经机械粉碎、研磨、混匀而成的粉状物，其细度要求 99.5％通过 325 号筛，即粉粒直径小于 44 微米，平均粒径 25 微米。可湿性粉剂能被水湿润，均匀分散在水中，悬浮率一般在 60％以上。兑水后主要用于喷雾，不可直接喷粉。

可湿性粉剂防治效果比同一种农药的粉剂高，残效也较长。但如果湿润剂质量差，则悬浮性不好，容易沉淀，影响药效或造成药害。

3. 乳油（EC）　是由原药、有机溶剂和乳化剂等按一定比例混溶调制而成的透明油状液体。pH 一般为 6～8，稳定性在 99.5％以上。兑水后稍加搅动即分散成白色乳状液体，且不分层沉淀。

　　乳油的优点是加工方法简单，有效成分含量高；喷洒时药液能很好地黏附展着在作物体表面和病、虫、草体上，不易被雨水冲刷，残效期较长；药剂容易侵入或渗透到病、虫体内，或渗入到作物表皮内部，其防效优于同种药剂的其他常规剂型。其缺点是成本较高，使用不慎，容易造成药害和人、畜中毒事故。并且因耗用大量有机溶剂，污染环境，易燃而不安全。

　　4. 颗粒剂（GR）　是由农药原药、载体（陶土或细砂、黏土、煤渣等）和助剂制成的颗粒状制剂。其颗粒直径在 250～600 微米，并有一定的硬度。

　　颗粒剂的优点是使用时沉降性好，飘移性小，对非靶标生物影响小，可控制农药释放速度，残效期长，施用方便，省工、省时。同时，也能使高毒农药低毒化，对施药人员较安全。

　　5. 干悬浮剂（DF）　又称乳粉，是用加温能熔化而又不溶于水的固体农药原药，加热熔化后倒入温度相近的乳化剂中，经机械搅拌、烘干、粉碎而成。乳粉兑水后，即分散成均匀的悬浮液。其优点是不用有机溶剂，防效可与乳油相近，加工简单，成本低廉，便于使用和贮运；缺点是容易结块，黏着性能较差，不耐雨水冲刷，残效期比乳油稍短些。

　　6. 可溶性粉剂（SP）　由水溶性原药加水溶性填料及少量助剂组成。外观为粉状，兑水形成水溶液。目前常用的加工方法是热熔喷雾法，将热熔成液体的农药原药，均匀混入水溶性分散剂中，通过加压喷雾、散热成粉状物。该剂型加工简便，使用方便，药效高，便于包装、运输和贮藏。

　　7. 悬浮剂（SC）　又称胶悬剂，是农药原药和载体及分散剂混合，利用湿法进行超微粉碎而成的黏稠可流动的悬浮体。它具有粒子小、活性表面大、渗透力强、配药时无粉尘、成本低、药效高等特点，并兼有可湿性粉剂和乳油的优点，加水稀释后悬浮性好。

　　8. 水分散粒剂（WG）　是近年来发展的一种颗粒状新剂型。由固体农药原药、湿润剂、分散剂、增稠剂等助剂和填料加工造粒而成，遇水能很快崩解分散成悬浮状。该剂型的特点是流动性能好，使用方便，无粉尘飞扬，而且贮存稳定性好，具有可湿性粉剂和胶悬剂的优点。

　　9. 水剂（AS）　是利用某些原药能溶解于水中而又不分解的特性，直接用水配制而成。其优点是加工方便，成本较低，但不易在植物体表湿润展布，黏着性差，长期贮存易分解失效。

　　10. 种衣剂（SD）　是由农药原药、分散剂、防冻剂、增稠剂、消泡剂、防腐剂、警戒色等均匀混合，经研磨到一定细度成浆料后，用特殊的设备将药剂包在种子上。该剂型的突出优点是防治地下害虫、根部病害和苗期病虫害效果好，既省工、省药，又能增加对人、畜的安全性，减少对环境的污染。

　　11. 微囊悬浮剂（CS）　又称微胶囊剂，是新发展的一种农药剂型。由农药原药和溶剂制成颗粒,同时再加入树脂单体,在农药微粒的表面聚合而形成的微胶囊剂。该剂型具有降低毒性、延长残效、减少挥发、降低农药的降解和减轻药害等优点,但加工成本较高。

12. 烟剂(FU)　是由农药原药与助燃剂和氧化剂配制而成的细粉状物,用火点燃后可燃烧发烟。其优点是使用方便、节省劳力,可扩散到其他防治方法不能达到的地方。适用于防治仓库和温室的病虫害。

13. 片剂(TA)　是由农药加入填料、助剂等均匀搅拌,压成片剂或成一定外形的块状物。其优点是使用方便,容易计量。

14. 薰蒸剂(VP)　一般不需再加工配制,可直接施用原药,在常温下即能挥发出有毒气体,或者经过一定的化学作用而产生有毒气体,通过害虫的气孔(气门)等呼吸系统进入体内,致使害虫发生中毒致死的药剂。

(三) 农药分类

1. 按防治对象分类　可分为杀虫剂、杀菌剂、杀鼠剂、除草剂、杀螨剂、杀软体动物剂、杀线虫剂、植物生长调节剂等。

2. 按原料来源分类　可分为矿物源农药(无机化合物)、生物源农药(天然、有机物、抗生素、微生物)及化学合成农药3大类。

3. 按化学结构分类　可分为有机磷、氨基甲酸酯、拟除虫菊酯、有机氮化合物、有机硫化合物、酰胺类化合物、脲类化合物、醚类化合物、酚类化合物、苯氧羧酸类、三氮苯类、二氮苯类、苯甲酸类、咪类、三唑类、杂环类、香豆素类、有机金属化合物类等。

4. 按作用方式分类

(1) 杀虫剂

胃毒剂:药剂通过害虫取食进入消化系统,使之中毒死亡。这种农药对具有咀嚼式和舐吸式口器的害虫非常有效。

触杀剂:药剂通过害虫体壁进入害虫体内,使之中毒死亡。可用于防治各种类型口器的害虫。大多数具有触杀作用的有机合成农药,都兼有胃毒作用。

内吸剂:药剂被植物的茎、叶、根和种子吸收进入植物体内,经传导扩散或产生更毒的代谢物质,使取食植物的害虫死亡。这类农药对具刺吸式口器的害虫特别有效。

薰蒸剂:药剂能在常温下气化为有毒气体,通过气门进入害虫体内,使之中毒死亡。

拒食剂:药剂被害虫取食后,破坏害虫的正常生理功能,消除食欲,停止取食,最后饿死。这类药剂只对咀嚼式口器的害虫有效。

引诱剂:药剂以微量的气态分子,将害虫引诱于一起集中歼灭。此类药剂又分食物引诱剂、性引诱剂和产卵诱剂3种。其中使用较广的是性引诱剂。

昆虫生长调节剂：药剂能阻碍害虫的正常生理功能，阻止正常变态，使幼虫不能变蛹，或蛹不能变为成虫，形成没有生命力或不能繁殖的畸形个体。这类药剂生物活性高，毒性低，残留少，具有明显的选择性，对人、畜和其他有益生物安全。但是杀虫作用缓慢，残效期短。

（2）杀菌剂

保护性杀菌剂：在病害流行前（即当病原菌接触寄主或侵入寄主之前）施用于植物体可能受害的部位，以保护植物不受侵染的药剂。

治疗性杀菌剂：在植物已经感病以后，可用一些非内吸杀菌剂，如硫磺直接杀死病菌，或用具内渗作用的杀菌剂，可渗入到植物组织内部，杀死病菌，或用内吸杀菌剂直接进入植物体内，随着植物体液运输传导而起治疗作用的杀菌剂。

铲除性杀菌剂：对病原菌有直接强烈杀伤作用的药剂。这类药剂常为植物生长期不能忍受，故一般只用于播前土壤处理、植物休眠期或种苗处理。

（3）除草剂

输导型除草剂：施用后通过内吸作用传至杂草的敏感部位或整个植株，使之中毒死亡的药剂。

触杀型除草剂：不能在植物体内传导移动，只能杀死所接触到的植物组织的药剂。

在除草剂中，习惯上又常分为选择性除草剂（即在一定的浓度和剂量范围内杀死或抑制部分植物而对另外一些植物安全的药剂）和灭生性除草剂（在常用剂量下可以杀死所有接触到药剂的绿色植物体的药剂）两大类。

（四）农药毒性

1. 农药毒性表示方法　农药对人、畜及其他有益生物产生直接或间接的毒害作用，或使其生理机能受到严重破坏的性能称为农药毒性。毒性大小有多种表示方法，最常用的是致死中量（LD_{50}）和致死中浓度（LC_{50}）。

（1）致死中量（LD_{50}）　也称半数致死量，即在规定时间内，使一组试验动物的50％个体发生死亡的毒物剂量。这个剂量越大，农药的毒性越小。反之，致死中量越小，农药毒性越大。

（2）致死中浓度（LC50）　也称半数致死浓度，即在规定时间内，使一组试验动物的50％个体发生死亡的毒物浓度。该浓度越高，农药毒性越小。反之，该浓度越低，农药毒性越大。

2. 农药毒性分级　农药毒性的大小是根据药剂对动物（一般为大鼠）毒性试验结果来评定的。我国目前以急性毒性指标的大小来衡量药剂毒性的高低。根据卫生部、农业部于1991年颁布的《农药安全毒理学评价程序》中的规定，农药的毒性按原药的致死中量或致死中浓度划分为剧毒、高毒、中等毒和低毒 4 个级别（表 4-1）。

表 4-1　农药急性毒性分级

级　别	经口 LD$_{50}$ (毫克/千克)	经皮 LD$_{50}$ (毫克/千克)4 小时	吸入 LC$_{50}$ (毫克/平方米)2 小时
剧毒	<5	<20	<20
高毒	5~50	20~200	20~200
中等毒	50~500	200~2000	200~2000
低毒	>500	>2000	>2000

　　农药毒性的分级是个比较复杂的问题,除应根据该种农药的急性毒性外,还应考虑到农药的慢性毒性、残留和蓄积性毒性等综合因素来评价该种农药的毒性大小。有的农药本身毒性不高,如杀虫咪,但它的慢性毒性突出,对人体潜在性危害较大,因此被禁用。

(五) 农药"三证"

　　农药产品要进入市场,其农药标签上必须注明 3 个证号,即农药登记证号、农药生产许可证号或生产批准证书号、农药标准号。

　　1. 农药登记证号　农药登记证是农业部对该农药产品的化学、毒理学、药效、残留、环境影响等进行评价,认为符合登记条件后,颁发给生产企业的一种证件。根据国家法律,在中国生产(包括原药生产、制剂加工和分装)的农药和进口农药,都必须进行登记。未经登记的农药产品不得生产、销售和使用。

　　2. 农药生产许可证号或生产批准证书号　该证是化工部门根据对农药生产企业的技术人员、厂房、生产设施和卫生环境、质量保证体系等项目进行审查,批准后颁发给企业的一种证件。

　　3. 农药标准号　农药标准号是农药产品质量技术指标及其相应检测方法标准化的合理规定。它要经过标准行政管理部门批准并发布实施。

　　我国的农药标准分为 3 级,即企业标准、行业标准(部颁标准)和国家标准。

　　国内农药产品都有自己的"三证号",每一个产品的"三证号"都不相同。根据我国《农药管理条例》规定,凡"三证"不全或假冒、伪造"三证号"的产品,均属非法产品,应对生产者、经营者依法查处。国外进口农药产品因其生产厂不在我国,所以没有农药生产许可证或农药生产批准文件和农药标准,只有农药登记证号。

(六) 农药标签

　　农药标签是紧贴或印制在农药包装上,紧随农药产品直接向用户传递该农药性能、使用方法、毒性、注意事项等内容的技术资料,是农民安全合理使用农药的重要依据。一个合格的农药标签应包括以下内容:

　　1. 农药名称　包括中文商业名、通用名(中文或英文)、有效成分含量和剂型。

　　2. 农药"三证号"　即农药登记证号、农药生产许可证号或生产批准证书号、农药标准号。

3. 净重（克或千克）或净容量（毫升或升）。

4. 生产厂名、地址、邮编及电话等。

5. 农药类别　按用途分类，如杀虫剂、杀螨剂、杀菌剂等。

6. 使用说明　包括产品特点、适用作物及防治对象、施药时期、用药量和施用方法。如有特殊情况，还需说明限用范围、禁忌等问题。

7. 毒性标志及注意事项　注明该农药毒性级别、农药中毒的主要症状和急救措施、安全警句、用药安全间隔期、贮存的特殊要求等。

8. 生产日期和批号。

9. 质量保证期。

合法的农药包装上附贴的农药标签，是经农药登记部门严格审查批准的，具有一定的法律效力。

第二节　配制药液、毒土

一、学习目标

1. 掌握配制药液及毒土的方法。

2. 了解并掌握常用的农药施用方法。

3. 了解配制药液及毒土的注意事项。

二、操作步骤

除粉剂、颗粒剂、片剂和烟剂以外，一般农药产品的浓度都比较高，按常规施药方法在使用前必须经过配制。应根据农药产品、防治对象和作物种类的不同，施药时气温的高低，在药剂中加入不同量的水（土）或其他稀释剂，配成合适的药液或毒土（饵）。药液或毒土（饵）浓度适当与否，与药效和安全性有很大关系，所以在稀释农药时要按照农药标签上的使用说明，严格掌握稀释浓度。配制农药一般分以下3 个步骤进行。

（一）准确计算农药制剂和稀释剂的用量

1. 农药用量表示方法

（1）农药有效成分用量　国际上早已采用单位面积有效成分用量，即有效成分为克/公顷（g/hm²）表示方法，或有效成分为每 667 平方米的含量（克、g）（国内常用）。

（2）农药商品用量　该表示法比较直观易懂，但必须带有制剂浓度，一般表示为每公顷（hm²）或每 667 平方米含量（克、g,毫升、ml）。

（3）稀择倍数　这是针对常量喷雾而沿用的习惯表示方法。一般不指出单位面积用药液量，应按常量喷雾施药。

（4）百万分浓度　表示 100 万份药液中含农药有效成分的份数，通常表示农药加水稀释后的药液浓度，用毫克/千克(mg/kg)或毫克/升(mg/L)表示。

此外，也有以百分浓度表示农药使用浓度，如用 12.5% 烯唑醇可湿性粉剂按种子重量 0.1% 拌种防治玉米丝黑穗病。

2. 农药制剂用量计算

（1）按单位面积上的农药制剂用量计算

农药制剂用量（克或毫升）=每 667 平方米面积农药制剂用量（g 或 ml）

$$\times 施药面积（667 平方米或公顷）$$

（2）按单位面积上的有效成分用量计算

$$农药制剂用量（g 或 ml）=\frac{每 667 平方米或每公顷有效成分用量（g 或 ml）}{制剂的有效成分含量（\%）}$$

$$\times 施药面积（667 平方米或公顷）$$

（3）按农药制剂稀释倍数计算

$$农药制剂用量（g 或 ml）=\frac{配制药液量（g 或 ml）}{稀释药液倍数}$$

$$\times 施药面积（667 平方米或公顷）$$

（4）按农药制剂百万分浓度(mg/kg)计算

$$农药制剂用量（g 或 ml）=\frac{农药制剂百万分浓度（mg/kg）\times 配制药液量（g 或 ml）}{10^6 \times 有效成分含量（\%）}$$

$$\times 施药面积（667 平方米或公顷）$$

3. 农药使用浓度换算

（1）农药有效成分量与商品量的换算

$$农药有效成分量=农药商品用量\times 农药制剂浓度（\%）$$

（2）百万分浓度与百分浓度(%)换算

$$百万分浓度=百分浓度（\%）\times 10000$$

（3）稀释倍数换算

内比法（稀释倍数小于 100）：

$$稀释倍数=原药剂浓度\div 新配制药剂浓度$$

$$药剂用量=新配制药剂重量\div 稀释倍数$$

$$稀释剂用量（加土或拌土量）=\frac{原药剂用量\times（原药剂浓度-新配制药剂浓度）}{新配制药剂浓度}$$

外比法（稀释倍数大于 100）：

$$稀释倍数=原药剂浓度\div 新配制药剂浓度$$

$$稀释剂用量=原药剂用量\times 稀释倍数$$

（二）准确量取农药制剂和稀释用水

计算出农药制剂用量和兑水量后,要严格按照计算量称取或量取。固体农药要用秤称量,液体农药要用有刻度的量具量取(如量杯、量筒、吸液管等)。量取时,应避免药液流到筒或杯的外壁,要使筒或杯处于竖直状态,以免造成量取偏差;量取配药用水,如果用水桶或喷雾器药箱作计量器具时,应在其内壁用油漆画出水位线,标定准确的体积后,方可作为计量工具。

（三）正确配制药液、毒土

1. 固体农药制剂的配制　　商品农药的低浓度粉剂,一般不用配制可直接喷粉。但用作毒土撒施时需要用土混拌,选择干燥的细土与药剂混合均匀即可使用;可湿性粉剂配制时,应先在药粉中加入少量的水(500 克药粉约加 250 克左右的水),用木棒调成糊状,然后再加入较多一些水调匀,以上面没有浮粉为止,最后加完剩余的稀释水量。注意,不能图省事把药粉直接倒入大量的水中。

2. 液体农药制剂的配制

（1）注意水的质量　　用于配制药剂的水,应选用清洁的江、河、湖、溪和沟塘的水,尽量不用井水,更不能使用污水、海水或咸水,以免对乳油类农药起破坏作用,影响药效或引起药害。

（2）严格掌握药剂的加水倍数　　每种农药都有一定的使用浓度要求。在配制时,应严格按规定的使用浓度加水,如果加水量过多,浓度降低,会影响药效;若加水量不足,致使药剂浓度增高,不但浪费农药,还可能引起药害。

（3）注意加水方法　　在按规定加入足量稀释水前,可先加入少量水配好母液,然后用剩余的水,分 2～3 次冲洗量器,冲洗水全部加入药箱中,搅拌均匀。需要注意的是,有的药剂在水中很容易溶解,但有的药剂虽也能溶解在水中,但需要选用少量热水溶解后,再加入清水。

（4）注意药剂的质量　　在加水稀释配制乳油农药时,一定要注意药剂的质量。有的乳油由于贮存时间过长或者原来质量不好,已经出现分层、沉淀。对这种药剂,在配制前,应把药瓶轻轻摇振 20～30 次,静置后如能成均匀体,方可配制;如摇振后还不能成均匀体,就要把装乳油的药瓶放在温热的水里,浸泡 10 多分钟(注意不能用开水,以防药瓶破碎),对分层、沉淀完全化开的药剂,可用少量的乳油农药,加入相应的清水试验,若上无浮油,下无沉淀,并成白色乳状液,则该药剂可以兑水使用。

三、农药施用方法

农药施用方法是指把农药施用到目标物上所采用的技术措施。不同的施药方法会直接影响到防治效果、防治成本及环境安全。应根据农药的性能、剂型,防治对象和防治成本等综合因素来选择施药方法。

农药的施用方法较多,在我国绝大多数是采用地面施药技术。地面施药的常用方法有喷雾、喷粉、撒施、浇洒、种子处理、毒饵(土)、熏蒸、烟雾、涂抹等。

(一) 喷雾法

喷雾是以一定量的农药与适量的水配成药液,用喷雾器械将药液喷洒成雾滴。这是最常用的施药方法。此法适用于乳油、水剂、可湿性粉剂、悬浮剂、可溶性粉剂等农药剂型,可作茎叶处理,也可作土壤处理,具有药液可直接触及防治对象、分布均匀、见效快、防效好、方法简便等优点,但也存在易飘移流失,对施药人员安全性较差等缺点。根据喷雾容量的多少,喷雾法可分为以下 5 种:

1. 高容量喷雾(常量喷雾)　每 667 平方米喷药液量为≥40 升,是一种针对性喷雾法。

2. 中容量喷雾　每 667 平方米喷药液量 10～40 升,也是一种针对性喷雾,但农药的利用率比高容量高,流失少。

3. 低容量喷雾　每 667 平方米喷药液量 1～10 升,是一种针对性和飘移性相结合的喷雾方法,省药、省工,但不宜用于喷洒除草剂和高毒农药。

4. 很低容量喷雾　每 667 平方米喷洒液量 0.33～1 升,是一种飘移累积性喷雾。由于该方法受气候影响大,雾滴飘移多,易造成药害和人、畜中毒,所以在病虫害防治中不常使用。喷洒除草剂更不能用这种喷雾法。

5. 超低容量喷雾　每 667 平方米喷液量<0.33 升,也是一种飘移累积性喷雾,适用于喷洒内吸剂,或喷洒触杀剂以防治具有相当移动能力的害虫,不适用于喷洒保护性杀菌剂、除草剂。

根据我国国情及习惯,在实际生产应用中,通常分为常量喷雾、低容量喷雾和超低容量喷雾 3 种,容量划分标准如下:

高容量(常量)喷雾每 667 平方米≥30 升;

低容量喷雾每 667 平方米 0.5～30 升;

超低容量喷雾每 667 平方米≤ 0.5 升。

(二) 喷粉法

喷粉是利用机械所产生的风力,直接将药粉吹到作物和防治对象的表面。该法具有不需要水、工作效率高、方法简便、防治及时、分布均匀等优点。其缺点是药粉易被风吹失和被雨水冲刷,会降低防治效果;耗药量较多,且易造成环境污染。

(三) 撒施法

撒施法是将农药与土或肥料的混合物或农药颗粒剂直接撒于地面或水田。其优点是药剂不飘移,对天敌影响小。其缺点是撒施难以均匀,施药后需要不断提供水分药效才能得到发挥。

(四) 浇洒法

南方稻区多用此法防治病虫,该法包括泼浇和浇根两种方法。优点是工效高,不用喷雾器具,方法简单。缺点是用药液量大。

(五) 种子处理法

有拌种、浸渍、浸种和闷种 4 种方法。

1. 拌种　是用一定量的药剂和定量的种子,同时装在容器中混合拌匀,使每粒种子外表覆盖药层,用以防治种传病害和地下害虫。此法用药少、工效高、防效好、对天敌影响小。

2. 浸渍　是把种子摊在地上,厚度约 15 厘米,然后把药液喷洒在种子上,并不断翻动使种子全部润湿,盖上席子等覆盖物,堆闷 1 天后播种。

3. 浸种　是把种子或种苗浸在一定浓度的药液里,经过一定时间使种子或幼苗吸收药剂。此法可防治种子内外和种苗上的病菌或苗期害虫,具有用工少、保留效果好、用药少、对天敌影响小等优点。

4. 闷种　是将药液与种子拌后堆闷一定时间再播种。

(六) 毒饵法

毒饵法是利用害虫、鼠类喜食的饵料与具有胃毒作用的农药混合制成的毒饵,达到诱杀的目的。主要用于防治地下害虫和害鼠,防治效果高,但对人、畜安全性较差。

(七) 薰蒸法

熏蒸法是采用熏蒸剂或易挥发的药剂,使其挥发成为有毒气体而杀虫灭菌。该方法适用于仓库、温室、土壤等场所或作物茂密的地方。具有防效高、作用快等优点,但室内薰蒸时要求密封,施药条件比较严格,施药人员须做好安全防护。

(八) 烟雾法

烟雾法是利用专用的机具把油状农药分散成烟雾状态达到杀虫灭菌的方法。由于烟雾的粒子很小,在空气中悬浮时间较长,沉积分布均匀,防效高于一般的喷雾法和喷粉法。

(九) 涂抹法

涂袜法主要是将有内吸作用的药剂直接涂抹或擦抹作物或杂草而取得防治效果。该施药法用药量低、防治费用少,但费工。

四、注意事项

1. 不能用瓶盖倒药或用饮用桶配药;不能用盛药水的桶直接下沟河取水;不能用手伸入药液或粉剂中搅拌。

2. 在开启农药包装、称量配制时,操作人员应戴用必要的防护器具。

3. 配制人员必须经专业培训,掌握必要技术和熟悉所用农药性能。

4. 孕妇、哺乳期妇女不能参与配药。

5. 配药器械一般要求专用,每次用后要洗净,不得在河流、小溪、井边冲洗。

6. 少数剩余和不要的农药应埋入地坑中。
7. 处理粉剂时要小心,以防止粉尘飞扬。
8. 喷雾器不要装得太满,以免药液泄漏,当天配好的,当天用完。

第三节　施用农药

一、农药施用方法

(一) 学习目标

掌握正确施用农药的原则。

(二) 正确施用农药的原则

采用正确的施药方法,不仅能保证施药质量,提高防治效果,而且还能显著降低农药施用对环境的压力,减轻操作者自身被农药污染的程度。

1. 对症用药　农药的品种很多,特点不同,不同农药有不同的防治范围。农作物的病、虫、草、鼠的种类也很多,且各地差异甚大。因此应针对防治对象的种类和特点,选择最适合的农药品种和剂型。要仔细阅读农药产品标签,明确其防治对象、对作物的安全性、作物收获安全间隔期及对家畜、有益昆虫和环境的安全性等。一般杀虫剂不能治病,杀菌剂不能治虫。同一害虫由于生育期不同,对药剂的敏感性也不同,有时相差几倍甚至几十倍。

2. 适时喷药　农药施用应选择在病、虫、草最敏感的阶段或最薄弱的环节进行,过早或过晚使用都会影响防治效果。例如,防治水稻二化螟时,既要根治一年中最关键的第一代,又要抓住螟卵开始盛孵而蚁螟尚未钻进稻茎这一关键时期,把蚁螟消灭在蛀入茎秆之前。黏虫防治,应抓住三龄以前的幼虫。因此。对病虫害生活习性的了解,是指导适时施药的重要依据。

3. 适量配药　农药施用时,对其使用浓度、单位面积上的用药量和施药次数都应有严格的规定。如超过所需要的用药量、浓度和次数,不仅会造成浪费,还容易产生药害,以致引起农药中毒、污染环境和加快抗药性的产生。如果低于防治所需要的用药量、浓度和次数,也达不到预期的效果。因此,配药要掌握适量,切不可随意增减。

4. 适法施药　在药剂选择的基础上,应根据农药的剂型、理化性质以及有害生物的发生特点,选用适当的施药方法。例如,可湿性粉剂不作为喷粉用,而粉剂则不可兑水喷雾;对光敏感的辛硫磷拌种效果则优于喷雾;防治地下害虫宜采用毒谷、毒饵、拌种等方法,玉米螟的防治应选用投撒颗粒剂或灌心叶的方法。使用胃毒性杀虫剂时要求喷雾的药液能充分覆盖作物;使用触杀性杀虫剂时应将喷头对准靶标喷洒或充分覆盖作物,使害虫活动时接触药剂而死亡,对于栖息在作物叶背的害虫应采用叶背定向喷雾法;使用内吸性杀虫剂应根据药剂内吸传导特点,采用株顶定向喷雾法喷洒药液。

另外,农药的合理混用,既能提高药效,达到兼治的目的,还能减缓抗药性的产生。

5. 防止药害　一般来说,禾谷类作物、棉花和果树中的柑橘耐药力较强,而桃、李、梨、瓜类、豆类抗药力则较差,易发生药害,防治这类作物上的病虫害时,对药剂的选用应特别注意。此外,就是同一类作物不同品种之间,耐药力也不完全相同;同一种作物在幼苗、扬花、灌浆不同发育阶段或生长发育不良时耐药力都有所不同。

6. 注意农药与天敌的关系　在使用化学农药防治有害生物的同时,也往往杀伤了天敌,破坏了原来的生态系统平衡,引起害虫再猖獗。因此,在使用农药时,一定要从生态学观点出发,注意选择农药的剂型、使用方法、施药次数、施药量和施药时间,或选择有选择性的农药,达到既防治病虫害,又能保护天敌的目的。

7. 看天施药　农药的防治效果,常常会受到天气的影响,刮大风、下雨、高温、高湿等气候条件下施用农药,药效会受到很大的影响。

(1) 刮大风不宜用药　因为大风天气容易使喷撒的药粉或喷洒的雾滴随风飘扬,不能很快降落和均匀附着在所有防治的农作物体表上,还会造成药剂的流失;同时,药剂飘移到邻近敏感作物上又易引起药害,飘落到施药人员身上易引起农药中毒,飘散到空气和水源中易造成环境污染。

(2) 雨天不宜施药　雨天能直接冲刷掉药剂,造成流失,不仅影响防效,还会造成河流水域的污染,引起鱼、虾等水生生物的中毒死亡。不同的农药品种和剂型抗雨水冲刷的能力有所不同,一般内吸性农药,尤其是拌种用的药剂,受雨水的影响较小;粉剂和可湿性粉剂最不耐雨水冲刷,而乳油农药能在作物上形成一层油膜,对雨水冲刷有一定的抵抗力,但也有一定的限度。

(3) 高温天气不宜施药　高温会促进农药的分解,加速药剂的挥发,从而缩短农药的持效期,降低防治效果。同时,因农作物新陈代谢加快,叶片气孔开放多而大,药剂很容易进入作物体内,容易发生药害。因此,在高温必须施用农药时,应适当降低农药浓度,而且中午不要施药,以免发生药害和施药人员中毒事故。

二、手动喷雾器的使用

(一) 学习目标
掌握手动喷雾器的使用方法。

(二) 使用方法
手动喷雾器是用手动方式产生压力来喷洒药液的施药机具,具有使用操作方便、适应性广等特点。可用于水田、旱地及丘陵山区,防治水稻、小麦、棉花、蔬菜和果树等作物的病、虫、草害,也可用于防治仓储害虫和卫生防疫。通过改变喷片孔径大小,手动喷雾器既可作常量喷雾,也可作低容量喷雾。目前,我国生产的手动喷雾器主要有背负式喷雾器、压缩喷雾器、单臂喷雾器、吹雾器和踏板式喷雾器。

1. 施药前的准备

（1）测试气象条件　进行低量喷雾时,风速应在 1～2 米/秒;进行常量喷雾时,风速应小于 3 米/秒;当风速大于 4 米/秒时不可进行农药喷洒作业。

降雨和气温超过 32℃时也不允许喷洒农药。

（2）机具的调整

① 背负式喷雾器装药前,应在喷雾器皮碗及摇杆转轴处,气室内置的喷雾器应在滑套及活塞处涂上适量的润滑油。

② 压缩喷雾器使用前应检查并保证安全阀的阀芯运动灵活,排气孔畅通。

③ 根据操作者身材,调节好背带长度。

④ 药箱内装上适量清水并以每分钟 10～25 次的频率摇动摇杆,检查各密封处有无渗漏现象,喷头处雾型是否正常。

⑤ 根据不同的作业要求,选择合适的喷射部件。

喷头选择:喷除草剂、植物生长调节剂用扇形雾喷头;喷杀虫剂、杀菌剂用空心圆锥雾喷头。

单喷头:适用于作物生长前期或中、后期进行各种定向针对性喷雾、飘移性喷雾。

双喷头:适用于作物中、后期株顶定向喷雾。

小横杆式三喷头、四喷头:适用于蔬菜、花卉及水、旱田进行株顶定向喷雾。

2. 施药中的技术要求

（1）作业前先配制好农药　向药液桶内加注药液前,一定要将开关关闭,以免药液漏出,加注药液要用滤网过滤。药液不要超过桶壁上的水位线。加注药液后,必须盖紧桶盖,以免作业时漏药液。

（2）背负式喷雾器作业时,应先压动摇杆数次,使气室内的气压达到工作压力后再打开开关,边走边打气边喷雾。如压动摇杆感到沉重,就不能过分用力,以免气室爆炸。对于工农- 16 型喷雾器,一般走 2～3 步摇杆上下压动 1 次,每分钟压动摇杆 18～25 次即可。

（3）作业时,空气室中的药液超过安全水位时,应立即停止压动摇杆,以免气室爆裂。

（4）压缩喷雾器作业时,加药液不能超过规定的水位线,保证有足够的空间储存压缩空气,以便使喷雾压力稳定、均匀。

（5）没有安全阀的压缩喷雾器,一定要按产品使用说明书上规定的打气次数打气（一般每分钟 30～40 次）,禁止加长杠杆打气和两人合力打气,以免药液桶超压爆裂。压缩喷雾器使用过程中，药箱内压力会不断下降，当喷头雾化质量下降时，要暂停喷雾，重新打气充压，以保证良好的雾化质量。

（6）针对不同的作物、病虫草害和农药选用正确的施药方法

① 土壤处理喷洒除草剂：要求易于飘失的小雾滴少，以避免除草剂雾滴飘移引起的作物药害。

药剂在田间沉积分布均匀，以保证防治效果，避免局部地区药量过大造成的除草剂药害。因此，应采用扇形雾喷头，操作时喷头离地高度、行走速度和路线应保持一致；也可使用安装二喷头、三喷头的小喷杆喷雾。

② 当用手动喷雾器喷雾防治作物病虫害时，最好选用小喷片，这是因为小喷片喷头产生的农药雾滴较粗大喷片的雾滴细，防治效果好。但切不可用钉子人为把喷头冲大。

③ 使用手动喷雾器喷洒触杀性杀虫剂防治栖息在作物叶背的害虫（如棉花苗蚜），应把喷头朝上，采用叶背定向喷雾法喷雾。

④ 使用喷雾器喷洒保护性杀菌剂，应在植物未被病原菌侵染前或侵染初期施药，要求雾滴在植物靶标上沉积分布均匀，并有一定的雾滴覆盖密度。

⑤ 使用手动喷雾器行间喷洒除草剂时，一定要配置喷头防护罩，防止雾滴飘移造成的邻近作物药害；喷洒时喷头高度保持一致，力求药剂沉积分布均匀，不得重喷和漏喷。

⑥ 几架药械同时喷洒时，应采用梯形前进，下风侧的人先喷，以免人体接触药液。

3. 背负式喷雾器常见故障的排除（表4-2）

表4-2　背负式喷雾器常见故障的排除

故障现象	故障原因	排除方法
手压摇杆（手柄）感到不费力，喷雾压力不足，雾化不良	1. 进水阀被污物搁起 2. 牛皮碗干缩硬化或损坏 3. 连接部位未装密封圈或密封圈损坏 4. WS-16型吸水臂脱落 5. SW-16型密封球失落	1. 拆下进水阀、清洗 2. 牛皮碗放在动物油或机油里浸软，更换新品 3. 加接或更换密封圈 4. 拧开胶管螺帽、装好吸水管 5. 装好密封球
手压摇杆（手柄）时用力正常，但不能喷雾	1. 喷头堵塞 2. 套管或喷头滤网堵塞	1. 拆开清洗，注意不能用铁丝等硬物捅喷孔，以免扩大喷孔，使喷雾质量较差 2. 拆开清洗
泵盖处漏水	1. 药液加得过满，超过泵筒上的回水孔 2. 皮碗损坏	1. 倒出些药液，使液面低于水位线 2. 更换新皮碗

（续表）

故障现象	故障原因	排除方法
各连结处漏水	1. 螺旋未旋紧 2. 密封圈损坏或未垫好 3. 直通开关芯表面油脂涂料少	1. 旋紧螺纹 2. 垫好或更换密封圈 3. 在开关芯上薄薄地涂上一层油脂
直通开关拧不动	打开检查,芯被农药腐蚀而黏住	拆下在煤油或柴油中清洗;如拆不开,可将开关放在煤油中浸泡一些时间再拆

三、手动喷粉器的使用

（一）学习目标

掌握手动喷粉器的使用方法。

（二）使用方法

手动喷粉器是一种由人力驱动风机产生气流来喷撒粉剂的植保机具。它具有结构简单、操作方便、功效高等优点。但由于粉尘飘扬、污染环境,所以它只能在某些特定环境条件下使用才能既保证防效,又不至于对大气造成明显污染,如在保护地和温室大棚等特定的封闭空间里使用;在某些大田农作物,特别是双子叶作物如棉花的生长中、后期。田间枝叶交叉,叶片大而呈平展状态,全田已经封垄,株冠下层是较为郁闭的空间时使用。

1. 施药前的准备

（1）施药的气象条件　保护地喷撒应在早晚尚未揭棚和傍晚刚刚闭棚时进行。为提高粉粒的附着率,晴天的中午应避免喷撒,阴雨天则可全天喷撒。

在野外对棉花、水稻、小麦及大豆等作物进行喷粉,也应避免在晴天的中午喷撒,气温在 5～30℃或阴天可全天喷撒。风速大于 2 米/秒及小雨以上的风雨天气不得喷撒。

（2）喷粉量的计算和调整

① 测试区的划定:在需要喷药的田块、保护地或在类似的土壤和地形条件下,划出测试区,其长度精确到 0.1 米,测试区的长度根据前进速度、喷幅及喷粉量来确定,应保证无论使用何种测试方法都能精确地计量时间(不少于 15 秒)和喷粉量(不少于药液箱容量的 10%),使喷撒面积是 667 平方米的整数倍有助于计算。

② 喷粉量误差率:按下式计算

$$喷粉量误差率(\%)=\frac{实际喷粉量-预定喷粉量}{预定喷粉量}\times100$$

③ 喷粉量的调整:计算的喷粉量误差率应不大于 10%左右,如误差率大于

10%左右,在作业时则应将喷粉器的喷粉量开关适当调整,并可调整作业速度或手柄摇转速度来满足规定的施药量。

（3）机具的调整

① 装粉前喷粉器各部位应干燥。

② 装粉前先关闭出粉开关。

③ 按农艺要求的喷粉量调节好出粉开关位置（一般 200 克/分钟左右）。

④ 根据喷撒对象和栽培技术确定喷撒头种类。

2. 施药中的技术要求

（1）喷粉量的确定应按照药粉标签或使用说明书的规定。

（2）操作前先根据操作者身材调节好背带长度,操作时应先摇动手柄再打开粉门开关。

（3）操作时手柄摇转的速度应确保喷口风速不小于 10 米/秒（丰收-5 型、LY-4型不低于 35 转/分钟,3WL-12 型、丰收-10 型不低于 50 转/分钟）。

（4）保护地喷撒粉剂的关键是采用对空喷撒法,利用粉剂的飘翔效应使其在靶标的不同部位均匀沉积。作业时切不可直接对着作物喷撒。对于不同的大棚温室,可采用不同的喷撒方法。

日光温室和加温温室,宽度一般在 6～7 米,其间有一过道,操作者应背向北墙,从里端开始向南对空喷撒,一边喷一边向门口移动,一直退到门口,把门关上。

塑料大棚宽度一般为 10～15 米,中间有一过道,操作时操作者从棚室里端开始喷粉,喷粉管左右匀速摆动对空喷粉,同时沿过道以 10～12 米/分钟的速度向后退行,一直退至出口处,把门关上即可。此时,如预定的粉剂尚未喷完,可将大棚一侧的棚布揭开一条缝,从开口处将余粉喷入。如余粉过多,可分别从不同部位喷入。

对小型弓棚可采用棚外喷粉法,此类棚宽 2～5 米,棚高只有 1 米左右,棚内喷粉比较困难。操作者可在棚外每隔一定距离揭开一个小口向棚内喷粉,喷后将棚布拉上。

喷粉以后需经 2 小时以上才能揭棚,如果傍晚喷撒可到第二天早晨再揭。

（5）在野外喷撒时应首先根据风向和作物栽培方式确定喷粉行走方向和路线。行走方向一般应与风向垂直或顺风前进。如果需要逆风前进,要把喷粉管移到人体后面或侧面喷撒,以免中毒。行走速度以正常步行（60 步/分钟）一边行走,一边以每 2 步（或每一步）摇转一次喷粉器操作手柄进行喷撒。

（6）对棉花等双子叶作物的生长中、后期喷粉时,宜采取株冠下层喷粉法。为避免喷粉时对棉株、棉铃造成机械性损伤,应用立摇式手动喷粉器进行喷粉作业。喷粉头放在株冠层下面,操作者边摇动手柄边匀速退行,利用株冠层良好的郁闭控制粉尘飘扬。

（7）喷撒中如药粉从喷头成堆落下或从桶身及出粉口开关处冒出，表明出粉开关开度过大，药粉进入风机过多，应立即关闭出粉开关，适当加快摇转手柄，让风机内的积粉喷出，然后再重新调整出粉开关的开度。

（8）早晨露水未干时喷粉，应注意不让喷粉头沾着露水，以免阻碍出粉。

（9）作业时注意两个工作幅宽之间不能留有间隙。

（10）中途停止喷粉时，要先关闭出粉开关，再摇几下手柄，把风机内的药粉全部喷干净。

（11）喷粉时，如有不正常的碰击声、手柄摇不动或特别沉重时，应立即停止摇转手柄，经检查修复后才能继续使用。

3. 机具保养

（1）使用完后，应将剩余药粉全部倒出，清理干净，并空摇几转清除风机内的残粉，以免在喷粉器内受潮结块，堵塞通路，腐蚀机体。

（2）长时间不用，由上至下给风机主轴加上适量的机油。

四、背负式机动喷雾喷粉机的使用

（一）学习目标

掌握背负式机动喷雾喷粉机的使用方法。

（二）使用方法

背负式机动喷雾喷粉机是指由汽油机作动力，配有离心风机的采用气压输液、气力喷雾和气流输粉原理的植保机具，它具有轻便、灵活、高效等特点。主要适用于大面积农林作物的病虫害防治、城市卫生防疫、防治家畜体外寄生虫和仓库害虫、喷撒颗粒肥料等。它可以进行低量喷雾、超低量喷雾、喷粉等项作业。

1. 施药前的准备

（1）施药的气象条件　作业时气温应在 5～30℃。风速大于 2 米/秒及雨天、大雾或露水多时不得施药。大田作物进行超低量喷雾时，不能在晴天中午有上升气流时进行。

（2）机具的调整

① 检查各部件安装是否正确、牢固。

② 新机具或维修后的机具，首先要排除缸体内封存的机油。排除方法：卸下火花塞，用左手拇指堵住火花塞孔，然后用启动绳拉几次，迫使气缸内机油从火花塞孔喷出，用干净的布擦干火花塞孔腔及火花塞电极部分的机油。

③ 新机具或维修后更换过汽缸垫、活塞环及曲柄连杆总成的发动机，使用前应当进行磨合。磨合后用汽油对发动机进行一次全面清洗。

④ 检查压缩比：用手转动启动轮，活塞靠近上死点时有一定的压力，越过上死

点时,曲轴能很快地自动转过一个角度。

⑤ 检查火花塞跳火情况:将高压线端距曲轴箱体 3～5 毫米,再用手转动启动轮,检查有无火花出现,一般蓝火花为正常。

⑥ 汽油机转速的调整:机具经拆装或维修后,需重新调整汽油机转速。

油门为硬联接的汽油机:启动背负机,低速运转 2～3 分钟,逐渐提升油门操纵杆至上限位置。若转速过高,旋松油门拉杆上的螺母,拧紧拉杆下面的螺母;若转速过低,则反向调整。

油门为软联接的汽油机:当油门操纵杆置于调量壳上端位置,汽油机仍达不到标定转速或超过标定转速时,应松开锁紧螺母,向下(或向上)旋调整螺母,则转速下降(或上升)。调整完毕,拧紧锁紧螺母。

⑦ 粉门的调整:当粉门操纵柄处于最低位置,粉门仍关不严,有漏粉现象时,用手扳动粉门轴摇臂,使粉门挡粉板与粉门体内壁贴实,再调整粉门拉杆长度。

⑧ 根据作业(喷雾、喷粉、超低量喷雾)的需要,按照使用说明书上的步骤装上对应的喷射部件及附件。

⑨ 本机型采用汽油和机油的混合作为燃油,混合比为 20∶1。汽油用 70 号以上,机油用汽油机机油。

（3）作业参数的计算　背负机先在地面上按使用说明书的要求启动,低速运转 2～3 分钟,然后背上背,用清水试喷,检查各处有无渗漏。并按规定的方法测出背负机的流量(Q)及有效射程(B),计算出行走速度(v)。

2. 施药

（1）低容量喷雾　喷雾机作低容量喷雾,宜采用针对性喷雾和飘移喷雾相结合的方式施药。总的来说是对着作物喷雾,但不可近距离对着某株作物喷雾。具体操作过程如下:

① 机器启动前药液开关应停在半闭位置:调整油门开关便汽油机高速稳定运转,开启手把开关后,人立即按预定速度和路线前进,严禁停留在一处喷洒,以防引起药害。

② 行走路线的确定:喷药时行走要匀速,不能忽快忽慢,防止重喷漏喷。行走路线根据风向而定,走向应与风向垂直或成不小于 45°的夹角,操作者应在上风向,喷射部件应在下风向。

③ 喷施时应采用侧向喷洒:即喷药人员背机前进时,手提喷管向侧喷洒,一个喷幅接一个喷幅,向上风方向移动,使喷幅之间相连接区段的雾滴沉积有一定程度的重叠。操作时还应将喷口稍微向上仰起,并离开作物 20～30 厘米高,2 米左右远（图 4-1）。

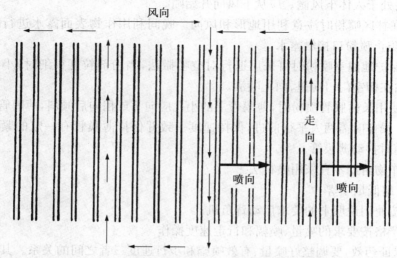

图 4-1　背负式机动喷雾机日间喷雾作业过程

④ 当喷完第一喷幅时,先关闭药液开关,减小油门,向上风向移动,行至第二喷幅时再加大油门,打开药液开关继续喷药。

⑤ 防治棉花伏蚜:应根据棉花长势、结构,分别采取隔2行喷3行或隔3行喷4行的方式喷洒。一般在棉株高0.7米以下时采用隔3喷4,高于0.7米时采用隔2喷3,这样有效喷幅为2.1～2.8米。喷洒时把弯管向下,对着棉株中、上部喷,借助风机产生的风力把棉叶吹翻,以提高防治叶背面蚜虫的效果。走一步就左右摆动喷管一次,使喷出的雾滴呈多次扇形累积沉积,提高雾滴覆盖均匀度。

⑥ 对灌木林丛:如对低矮的茶树喷药,可把喷管的弯管口朝下,防止雾滴向上飞散。

⑦ 对较高的果树和其他林木喷药:可把弯管口朝上,使喷管与地面保持60°～70°的夹角,利用田间有上升气流时喷洒。

⑧ 喷雾时雾滴直径为125微米,不易观察到雾滴,一般情况下,作物枝叶只要被喷管吹动,雾滴就达到了。

⑨ 调整施液量除用行进速度来调节外,转动药液开关角度或选用不同的喷量档位也可调节喷量大小。

(2)喷粉

① 按使用说明书的要求启动背负机。

② 粉剂应干燥,不得有杂草、杂物和结块。

③ 背负机背上后,调整油门使汽油机高速稳定运转。

④ 打开粉门操作手柄进行喷粉,喷粉时注意调节粉门开度以控制喷粉量。

⑤ 大田喷粉时,走向最好与风向垂直,喷粉方向与风向一致或稍有夹角并保

持喷粉头处于人体下风侧。应从下风向开始喷。

⑥ 在林区喷粉时注意利用地形和风向。晚间利用作物表面露水进行喷粉较好，但要防止喷粉口接触露水。

⑦ 保护地温室喷粉时可采用退行对空喷撒法，当粉剂粒度很细时（小于 5 微米），可站在棚室门口向里、向上喷洒。

⑧ 使用长薄膜管喷粉时，薄膜管上的小孔应向下或稍向后倾斜，薄膜管离地 1 米左右。操作时需两人平行前进，保持速度一致并保持薄膜管有一定的紧度。前进中应随时抖动薄膜管。

⑨ 作物苗期不宜采用喷粉法。

（3）超低量喷雾

① 按使用说明书的要求启动背负机。

② 严格按要求的喷量、喷幅和行走速度操作。

为保证药效，要调整好喷量、有效喷幅和步行速度三者之间的关系。其中有效喷幅与药效关系最密切，一般来说，有效喷幅小，喷出来的雾滴重叠累积比较多，分布比较均匀，药效更有保证。有效喷幅的大小要考虑风速的限制，还要考虑害虫的习性和作物结构状态。对钻蛀性害虫，要求雾滴分布愈均匀愈好，也就是要求有效喷幅窄一些好。例如防治棉铃虫，要使平展的棉叶上降落雾滴多而均匀，要求风小一些，有效喷幅窄一些，多采取 8～10 米喷幅。对活动性强的咀嚼口器害虫，如蝗虫等，就可在风速许可范围内尽可能加宽有效喷幅。例如，在沿海地区防治蝗虫时，在 2 米/秒以上风速情况下，喷头离地面 1 米，有效喷幅可取 2 米。

③ 对大田作物喷药时，操作者手持喷管向下风侧喷雾，弯管向下，使喷管保持水平或有 5°～15°仰角（仰角大小根据风速而定：风速大，仰角小些或呈水平；风速小，仰角大些），喷头离作物顶端高出 0.5 米。

④ 行走路线根据风向而定，走向最好与风向垂直，喷向与风向一致或稍有夹角，从下风向的第一个喷幅的一端开始喷洒。

⑤ 第一喷幅喷完时，立即关闭手把开关，降低油门，汽油机低速运转。人向上风方向行走，当快到第二喷幅时，加大油门，使汽油机达到额定转速。到第二喷幅处，将喷头调转 180°，仍指向下风方向，打开开关后立即向前行走喷洒。

⑥ 停机时，先关闭药液开关，再关小油门，让机器低速运转 3～5 分钟再关闭油门。切忌突然停机。

⑦ 高毒农药不能作超低量喷雾。

3. 施药后的保养

（1）喷雾机每天使用结束后，应倒出箱内残余药液或粉剂。

（2）清除机器各处的灰尘、油污、药迹，并用清水清洗药箱和其他药剂接触的塑料件、橡胶件。

（3）喷粉时，每天要清洗化油器和空气滤清器。

（4）长薄膜管内不得存粉，拆卸之前空机运转 1～2 分钟，将长薄膜管内的残粉吹净。

（5）检查各螺丝、螺母有无松动，工具是否齐全。

（6）保养后的背负机应放在干燥通风的室内，切勿靠近火源，避免与农药等腐蚀性物质放在一起。长期保存时还要按汽油机使用说明书的要求保养汽油机，对可能锈蚀的零件要涂上防锈黄油。

第四节　清洗药械

一、学习目标

1. 掌握农药残液及包装物的处理方法。
2. 掌握施药器械的清洗及污水处理方法。

二、农药残液处理方法

喷雾器中未喷完的残液，用专用药瓶存放，安全带回。配药用的空药瓶、空药袋应集中收集、妥善处理，不得随意丢弃。此类废弃农药包装最好交给原生产厂家集中处置，但在尚未建立这种农药回收制度的情况下，可以采取挖坑深埋的办法来处置。挖坑地点应在离生活区远的地方，而且地下水位低、降雨量少或能避雨、远离各种水源的荒僻地带。

三、施药器械清洗

1. 每次施药后，机具应在田间全面清洗。

2. 如下一个班次更换药剂或作物，应注意两种药剂是否会产生化学反应而影响药效或对另一种作物产生药害，此时可用浓碱水反复清洗多次，也可用大量清水冲洗后，用 0.2％苏打水或 0.1％活性炭悬浮液浸泡，再用清水冲洗。

3. 清洗机具的污水，应在田间选择安全地点妥善处理，不得带回生活区，不准随地泼洒，防止污染环境。

4. 带有自动加水装置的喷雾机，其加水管路应置于水源处，不得随机运行，并不准在生活用水源中吸水。

5. 每年防治季节过后，应将重点部件用热洗涤剂或弱碱水清洗，再用清水清洗干净，晾干后存放。某些施药器械有特殊的维护保养要求，应严格按要求执行。

第五节　保管农药(械)

一、学习目标

了解农药（械）运输应注意的事项，掌握正确贮存和保管农药（械）的方法。

二、农药(械)的运输和贮存

农药是一种特殊商品，在其贮运和保管过程中，如果不掌握农药特性，方法不当，就有可能引起人、畜中毒和腐蚀、渗漏、火灾等不良后果，或者造成农药失效、降解及错用，引起作物药害等不必要的损失。因此，在农药的运输、贮存、保管过程中，应严格按照我国《农药贮运、销售和使用的防毒规定》国家标准执行，尤其要注意以下要点：

（一）农药的运输

1. 要用专车、专船运输，不得与食品、饮料、种子和生活用品等混装。

2. 装卸时要轻拿轻放，不得倒置，严防碰撞、外溢和破损。装车时堆放要整齐，标记向外，箱口朝上，放稳扎妥。

3. 装卸和运输人员在工作时要做好安全防护，戴口罩、手套，穿长裤。若农药污染皮肤，应立即用肥皂、清水冲洗。工作期间不抽烟、不喝水、不吃东西。

4. 运输必须安全、及时、准确。要正确选择路线，时速不易过快，防止翻车、沉船等事故。运输途中休息时，应将车、船停靠阴凉处，防止曝晒，并远离居民区200米以外。要经常检查包装情况，防止散包、破包或破箱、破瓶出现。雨天运输，车船上要有防雨设施，避免雨淋。

（二）农药(械)贮存和保管

1. 农药仓库结构要牢固，门窗要严密，库房内要求阴凉、干燥、通风，并有防火、防盗措施，严防受潮、阳光直晒和高温。库内地面要有防潮隔湿措施，尤其是贮放袋装粉剂农药，在库内底层要用木板、谷糠、芦席等把农药与地隔离。堆与堆之间要有空隙，便于通风散热。梅雨季节要注意防潮，且层放高度不宜过高，防止下层药粉受压结块。乳油类和油烟剂、烟剂等农药或剧毒农药，应贮放在专门的"危险库"内，如没有危险品仓库，也应专仓存放，严格管理火种和电源，还要远离居民、水源、学校等地。

2. 农药必须单独贮存，不得和粮食、种子、饲料、豆类、蔬菜及日用品等混放，也不能与烧碱、石灰、化肥等物品混放在一起，禁止把汽袖、煤油、柴油等易燃物放在农药仓库内。农药堆放时，要分品种堆放，严防破损、渗漏。农药堆放高度不宜超过2米，防止倒塌和下层药粉受压结块。高毒农药和除草剂要用专用仓保管，以免引起中毒或药害事故。

3. 各种农药进出库都要记账入册,并根据农药"先进先出"的原则,防止农药存放时间过长而失效。对挥发性大和性能不太稳定的农药,不能长期贮存,要推陈贮新。

4. 农民等用户自家贮存时,要注意将农药单放在一间屋里,防止儿童接近。最好将农药锁在一个单独的柜子或箱子里,不要放在容易使人误食或误饮的地方,一定要将农药保存在原包装中,存放在干燥的地方,并要注意远离火种和避免阳光直射。

5. 根据不同剂型农药的特点,采取相应措施妥善保管。液体农药(包括乳油、水剂等),特点是易燃烧、易挥发的农药,在贮存时重点是要注意隔热防晒,避免高温。堆放时应箱口朝上,保持干燥通风。要严格管理火种和电源,防止引起火灾;固体农药,包括粉剂、颗粒剂、片剂等,其特点是吸湿性强,易发生变质,贮存保管重点是防潮隔湿,特别是梅雨季节要经常检查,发现有受潮农药,应移到阴凉通风处摊开晾干,重新包装,不可日晒。固体农药一般不能与碱性物质接触,以免失效;压缩气体农药如溴甲烷等,一般用密封钢瓶或特制罐包装,虽然溴甲烷本身不易燃、不易爆,但在高温、撞击、震动等外力影响下,会引起爆炸,而且溴甲烷属高毒气体,在保管这类农药时要特别谨慎,应经常检查阀门是否松动,钢瓶(罐)有无裂缝等,以免引起不良后果;微生物农药,如苏云金杆菌、井冈霉素、赤霉素等,其特点是不耐高温,不耐贮存,容易吸湿霉变,失活失效,宜在低温干燥环境中保存,而且保存时间不应超过2年。

6. **药械的保管**　喷雾器每天使用结束后,应倒出桶内残余药液,加入少量清水继续喷洒干净,并用清水清洗各部位,然后打开开关,置于室内通风干燥处存放。

铁制桶身的喷雾器,用清水清洗完后,应擦干桶内积水,然后打开开关,倒挂于室内干燥阴凉处存放。

喷洒除草剂后,必须将喷雾器彻底清洗干净,以免喷洒其他农药时对作物产生药害。

凡活动部件及非塑料接头处应涂黄油防锈。

◄◄◄ 复习题 ►►►

一、单项选择(将正确答案填入题内的括号中)

1. 农药是指用于消灭或控制农林病、虫、草、鼠或其他有害生物以及(　　　)植物生长的物质。

　　A. 抑制　　　　　　　　　　B. 调节
　　C. 终止　　　　　　　　　　D. 促进

2. 农药具有杀虫、杀菌、除草、（　　　）、调节植物生长的作用。

    A. 杀害   B. 杀伤

    C. 杀生   D. 杀鼠

3. （　　　）为灭生性内吸传导型茎叶处理剂。

    A. 克芜踪   B. 草甘膦

    C. 2,4 - D   D. 莠去津

4. 乳油的二字代码是（　　　）。

    A. DP   B. EC

    C. WP   D. GR

5. 有"AS"二字代码的是（　　　）的农药剂型。

    A. 水剂   B. 悬浮剂

    C. 粉剂   D. 可湿性粉剂

6. 杀虫剂、杀菌剂、除草剂等是按（　　　）分类。

    A. 防治对象   B. 原料来源

    C. 化学结构   D. 作用方式

7. 胃毒剂、触杀剂、内吸剂等是按（　　　）分类。

    A. 防治对象   B. 原料来源

    C. 化学结构   D. 作用方式

8. 杀虫剂、杀菌剂、除草剂等是按（　　　）分类。

    A. 防治对象   B. 原料来源

    C. 化学结构   D. 作用方式

9. 半量式波尔多液其生石灰与硫酸铜和水的比例是（　　　）。

    A. 1∶2∶100   B. 1∶0.5∶100

    C. 1∶1∶100   D. 3～5∶1∶100

10. 波尔多液是一种保护性杀菌剂,最好应用在（　　　）。

    A. 发病期   B. 发病后

    C. 发病初   D. 发病前

11. 农药的（　　　）是指对高等动物的毒害。

    A. 毒杀力   B. 毒性

    C. 毒气   D. 毒素

12. 高毒农药大鼠口服 LD_{50} 的量是（　　　）毫克/千克。

    A. <5   B. 5～50

    C. 50～500   D. >500

13. 剧毒农药大鼠口服 LD_{50} 的量是（　　　）毫克/千克。

    A. <5   B. 5～50   C. 50～500   D. >500

14. 喷药时最好不在(　　)喷。
    A. 阴天　　　　　　　　　　B. 晴天
    C. 傍晚　　　　　　　　　　D. 炎热的中午

15. 安全间隔期是指最后一次使用农药离(　　)之间的相隔日期。
    A. 作物播种　　　　　　　　B. 作物开花
    C. 作物收获　　　　　　　　D. 产品入库

16. 农药的安全使用是指对(　　)安全。
    A. 人畜　　　　　　　　　　B. 作物
    C. 天敌　　　　　　　　　　D. 前三项都是

17. 适量用药,是指农药在使用时,应按照单位面积的用量不能随意加大(　　)。
    A. 药品　　　　　　　　　　B. 药量
    C. 药效　　　　　　　　　　D. 药剂

18. 农药必须单独存放,不能与烧碱、石灰、(　　)等物品混放在一起。
    A. 化纤　　　　　　　　　　B. 化石
    C. 化肥　　　　　　　　　　D. 肥皂

19. 固体农药一般不能与(　　)物质接触,避免失效。
    A. 热性　　　　　　　　　　B. 冷性
    C. 酸性　　　　　　　　　　D. 碱性

20. 25%吡蚜酮可湿性粉剂 200 克,有效成分为(　　)克。
    A. 20　　　　B. 25　　　　C. 30　　　　D. 50

21. 用 0.3 千克 10%苯醚甲环唑兑水 600 千克,其稀释倍数为(　　)。
    A. 1000　　　B. 2000　　　C. 3000　　　D. 4000

22. 20%腐霉利悬浮剂 500 倍液,配制 100 斤药液需用 20%腐霉利悬浮剂
(　　)毫升。
    A. 20　　　　B. 50　　　　C. 100　　　　D. 500

23. 用细砂稀释 5%辛硫磷颗粒剂,要配成 0.5%辛硫磷颗粒剂 20 千克,需用
5%辛硫磷颗粒剂和细砂各(　　)千克。
    A. 0.5,19.5　　　　　　　　B. 1,19
    C. 1.5,18.5　　　　　　　　D. 2,18

24. 田间施药作业时间,每天不可超过(　　)。
    A. 4 小时　　　　　　　　　B. 6 小时
    C. 8 小时　　　　　　　　　D. 10 小时

25. 对敌百虫、敌敌畏、杀螟松极敏感的作物是(　　)。
    A. 花生　　　　　　　　　　B. 黄瓜
    C. 高粱　　　　　　　　　　D. 小麦

26. 对桃、李、白菜等作物易产生药害的农药是（   ）。
    A. 辛硫磷   B. 溴氰菊酯
    C. 百菌清   D. 波尔多及其他铜制剂

27. 苏云金杆菌制剂、阿维菌素制剂、浏阳霉素制剂属于（   ）。
    A. 植物性杀虫剂   B. 有机杀虫剂
    C. 无机杀虫剂   D. 微生物杀虫剂

28. 防除果园内一年生杂草或苗圃杂草应以（   ）处理为主。
    A. 茎叶喷雾   B. 土壤封闭
    C. 熏蒸   D. 涂茎

29. 当风速大于或等于（   ）米/秒时不可进行农药喷洒作业。
    A. 1   B. 2
    C. 3   D. 4

30. 手动喷雾器药箱内装上适量清水并以每分钟（   ）次的频率摇动摇杆。
    A. 5～15   B. 10～25
    C. 15～30   D. 30 以上

二、判断题（正确的填"√"，错误的填"×"）

1. （   ）菊酯类农药禁止在水田使用。

2. （   ）农药不需专车、专船运输，可与食品、饮料、种子和生活用品等混装。

3. （   ）农药仓库要远离居民、水源、学校等地。

4. （   ）微生物农药，如井冈霉素、赤霉素（九二〇）保存时间不宜超过 1 年。

5. （   ）制作毒饵时，将商品药直接拌入足量饵料中即可。

6. （   ）适时用药就是讲究用药的时机，不早也不晚。

7. （   ）倍量式波尔多液其生石灰与硫酸铜和水的比例是 2∶1∶100。

8. （   ）1% 倍量式波尔多液，1% 是指硫酸铜的浓度。

9. （   ）涂抹法用药量低、防治费用少，但费工。

10. （   ）为了提高害虫的防治效果，增加药液浓度是个好办法。

11. （   ）农药"三证"是指农药生产许可证或农药生产批准文件、农药标准和农药登记证。

12. （   ）稀释倍数换算有两种方法，即内比法（稀释倍数小于 100）和外比法（稀释倍数大于 100）。

13. （   ）施用除草剂时，用扁平扇形喷头喷洒比用空心圆锥喷头容易产生药害。

14. （   ）喷洒除草剂后，必须将喷雾器彻底清洗干净。

15. （   ）植物部位对农药敏感性差异较大，一般叶片耐药性差，所以，药害症状首先表现在叶片上。